Manual práctico del ahumado de los alimentos

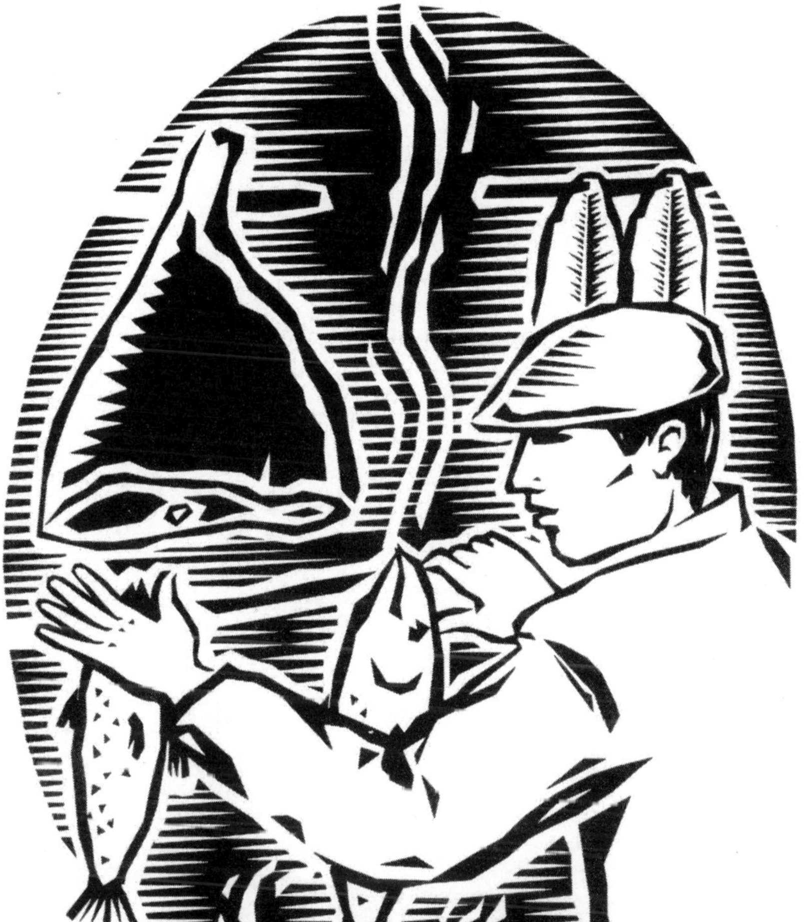

Kate Walker es una autoridad en el ahumado de alimentos. Dirige una consolidada compañía dedicada a esta actividad en el oeste de Escocia. Ha dedicado 11 años al desarrollo de técnicas y con Frank, su marido, ha diseñado las cámaras y hornos de ahumar Gourmet, Global y Gourmin, utilizados actualmente en todo el mundo.

Traducción a cargo de

María Luisa Ferrándiz Martín

Manual práctico del ahumado de los alimentos

Kate Walker

Editorial ACRIBIA, S.A.
ZARAGOZA (España)

Título original: Practical food smoking. A Comprehensive Guide
Autora: Kate Walker
Editorial: Neil Wilson Publishing Ltd.
303a The Pentagon Centre
36 Washington Street
Glasgow G3 8AZ

First published in Great Britain by Neil Wilson Publishing Ltd, Glasgow

Reimpresión 2020

I.S.B.N.: 978-84-200-0840-0

www.editorialacribia.com

IMPRESO EN ESPAÑA PRINTED IN SPAIN

Depósito legal: Z-2684-97 Editorial ACRIBIA S.A.- Royo, 21 - 50006 Zaragoza

Imprime: PODIPRINT

Índice de contenido

Introducción

Durante los últimos años estamos asistiendo a la recuperación de diversas artes tradicionales que habían quedado en el olvido, y a ello hay que unir el esfuerzo de algunas personas por regresar a una situación de autosuficiencia económica. Se han producido cambios revolucionarios en nuestra sociedad, hay más mujeres trabajadoras y, con el incremento de la tensión que implica tener que atender dos trabajos, los oficios tradicionales relacionados con la elaboración de alimentos y recetas han perdido su carácter de tarea esencial propia de la población femenina. El incremento del número de vehículos en las carreteras ha obligado a restringir el aparcamiento en las zonas comerciales del centro de las ciudades. Ahora se compran mayores cantidades de provisiones pero con menos frecuencia y, generalmente, en un solo establecimiento, el supermercado, donde el aparcamiento está garantizado.

El creciente «alza» de los supermercados implica una normalización de la calidad de los alimentos en un nivel de mediocridad que permite disponer de platos preparados y por el cual la cantidad y la continuidad en el suministro tienen una importancia excepcional. Desafortunadamente, al mismo tiempo también se han introducido nuevas prácticas en la producción de alimentos que benefician más al empresario que al consumidor el cual está obligado a adquirir lo que haya disponible, aun cuando él o ella sepan que el producto puede no ser tan completo como hubiera sido deseable.

Los problemas surgidos en el ámbito de la industria de la carne y el pollo han estimulado un creciente interés por la «comida auténtica» y el consumidor que reflexiona de forma consciente sobre la calidad de su dieta demanda un mayor acceso a la información sobre la producción de los alimentos. Como resultado de ello, se está produciendo en la actualidad un cambio gradual en los hábitos alimenticios. Los platos preparados y las comidas rápidas están siendo relegadas al lugar que les corresponde como excelente recurso de emergencia. En consonancia con todo esto y dentro del contexto del renovado interés existente sobre algunas técnicas rurales de conservación tradicional de los alimentos, el proceso del ahumado de alimentos, que intensifica de manera natural el sabor de las materias primas por exposición a un humo de baja temperatura, se hace cada día más popular tanto en el hogar como en los negocios.

El hecho de que un alimento no se pueda ahumar cuando se han añadido agentes químicos en el pienso de los animales con capacidad para la retención de agua supone de por sí una garantía contra la presencia de sustancias nocivas utilizadas para modificar la textura de la carne del animal. La razón por la que el ahumado detecta la presencia de aditivos está en que la sal extrae la humedad liberada por el proceso de ósmosis, proceso que es reversible y que se utiliza para incrementar el contenido en agua y, por consiguiente, el peso del producto a la venta. Declarar el contenido añadido en agua de la carne es una obligación legal, pero si este contenido es consecuencia del empleo de piensos medicados al animal, no hay obligación de hacer declaración alguna. Parte de los más altos contenidos en agua están presentes en alimentos importados de países continentales.

El cliente es cada día más consciente de estos hechos y la creciente demanda de alternativas trae consigo un nuevo cambio en la estructura de los supermercados, en los que ocasionalmente empezamos a ver mostradores destinados a la degustación de productos no envasados. La moda de la calle peatonal de estilo norteamericano, en la que es posible encontrar numerosas tiendas pequeñas con productos de especialidad, se está convirtiendo en un rasgo más del entorno urbano de hoy en día. Esto representa un obvio alejamiento de la compra poco consciente, y proporciona un reto para el productor que atiende a la calidad de su producto. El beneficio es un aspecto necesario en todo negocio, pero no hasta el extremo de embaucar al consumidor. Existe la esperanza de que podamos obtener alimentos más frescos si los compradores tienen proveedores locales y los repartos se hacen más frecuentes en vez de ser distribuidos desde nodos centrales de almacenamiento.

He escrito este libro porque existe mucha gente a la que le gustaría ahumar alimentos, pero no sabe cómo hacerlo. El tema es complejo, absorbente y en constante recepción de datos nuevos a medida que se profundiza en el trabajo experimental con un número mayor de materias primas. Desgraciadamente, las etiquetas de los productos ahumados no suelen ofrecer demasiada información acerca de los diferentes procesos de ahumado a que puede haber sido sometido el alimento, lo cual ayudaría al consumidor a reconocer las diferencias entre un producto con colorante, un producto con sabor a ahumado artificial y un producto genuinamente ahumado durante un periodo de tiempo en el que una determinada combinación de sal y humo frío produce un mejor sabor y amplía la vida en almacén del producto.

La cuestión de la conservación es interesante porque actualmente la idea de un producto ahumado de larga duración que no requiere refrigeración es sólo una reliquia de tiempos pasados en los que el ahumado se aplicaba fundamentalmente con el fin de alargar la vida del producto destinado al consumo. De hecho, el método empleado para conservar los alimentos y para darles un sabor intensificado es el mismo, pero en la actualidad sólo suele interesar este último efecto.

Por eso, los métodos ofrecidos en este libro se refieren tanto al sabor como a la conservación. Es necesario mantener el producto durante un largo periodo en salmuera para incrementar el porcentaje de sal, así como durante un largo periodo en la cámara de ahumar para reducir el contenido total de humedad. Cuando se pretende que el alimento se reconstituya, se incrementan los niveles de sal con el fin de aumentar el tiempo destinado al transporte, pero nunca hasta el punto de secar el alimento por completo.

La persona interesada en los sabores de los alimentos puede encontrar datos de interés en este libro que, además, será de utilidad no sólo en el ámbito doméstico, sino también en el de la pequeña empresa. En este sentido, me he ocupado de los aspectos comerciales de la producción de alimentos ahumados con el fin de aportar directrices para los que deseen ampliar sus inquietudes hasta el terreno de la empresa.

Kate Walker

Capítulo 1

Breve historia del ahumado de alimentos

La historia del curado y ahumado de alimentos se retrotrae a tiempos remotos por lo que no hay demasiados datos sobre las circunstancias de su inicio. Se ha perdido gran cantidad de información muy valiosa ya que los primeros métodos y recetas se transmitían por vía oral y debido a que la necesidad que tienen las personas de conservar los alimentos se ha reducido considerablemente en los últimos tiempos y, en muchos casos, ha desaparecido por completo.

Los alimentos son necesarios para la supervivencia y el instinto del hombre siempre le ha aconsejado que almacenara comida suficiente para satisfacer sus necesidades durante los oscuros y fríos días del largo invierno. Probablemente, el hombre primitivo que traía a casa carne para el invierno (la «caza del otoño») decidió colgarla en un primer momento con el fin de evitar que los animales pudieran devorarla, y en alguna ocasión se dio cuenta de que las piezas colgadas y expuestas al humo de su hogar se mantenían en mejor estado de conservación que las demás. Se sabe que a partir de la construcción de casas de piedra y madera se empezaron a utilizar los techos para colgar los alimentos porque el humo de los hogares se elevaba en busca de una salida por el tejado. Probablemente, las gentes que habitaban en las zonas de costa tenían fama de producir una carne de mejor calidad en invierno que los que vivían en el interior porque empleaban agua de mar y no agua dulce para lavar las piezas.

Un posible intercambio entre estos grupos de gente ha podido traducirse en un conocimiento generalizado de que los productos de la pesca y la caza se conservan mejor estando en sal durante largos periodos de tiempo, y luego siendo colgados en los techos por encima de los hogares.

Actualmente no solemos emplear este tipo de almacenamiento ya que, por causa de las subidas de los precios y de la mejora en los sistemas de congelación, la gente tiende a comprar gran cantidad cuando los precios son bajos y a congelar los productos a baja temperatura para un uso futuro.

Algunos tipos de carne pueden curarse con facilidad antes de congelarse, pero la diferencia es que, hoy día, no se curan y se ahuman los alimentos como método de conservación sino como medio para lograr una intensificación del sabor. Este hecho influye en cierta forma sobre el proceso ya que nuestros modernos y sofisticados paladares no aceptarían la textura muy seca y salada de los productos de invierno del hombre prehistórico. Una vez dicho esto, debemos comprender que, aunque el ahumado consigue prolongar la vida del producto, todavía se necesita tratar a los productos ahumados como materias primas que requieren de refrigeración o congelación para su almacenamiento, a no ser que los productos hayan sido ahumados específicamente para lograr su conservación.

El empleo del ahumado para la conservación tiene aún una importancia capital en los países en vías de desarrollo en los que la refrigeración no está generalizada. Se puede disponer de materia prima pero ésta no se conservará más de un día o dos, a no ser que se emplee alguna técnica de conservación para ampliar el tiempo destinado a transporte y almacenamiento. Las comunidades rurales sacan mejor partido de este tipo de procesos porque es muy frecuente la escasez de tiendas que suministran proteínas. El ahumado puede ser un buen método para las pequeñas comunidades donde se caza o se pesca para más de un día y además permite vender los excedentes de producción a otras zonas del interior, reforzando así la economía local.

Es interesante señalar que los métodos de ahumar difieren de un país a otro y que en el continente europeo la salazón en el ahumado no solía formar parte del proceso, obteniéndose un producto que o bien debía ser cocinado o bien envasado en salmuera. Esto implica una pérdida de proteínas esenciales y de ácidos grasos y, además, el producto carece de un aspecto exterior atractivo. Los métodos que se ofrecen en este libro sirven para obtener productos ahumados atractivos y presentables que pueden ser consumidos en cualquier momento del año.

Capítulo 2

¿Qué es el ahumado de alimentos?

El ahumado es una forma de conservación que reduce el contenido en humedad del alimento y proporciona una determinada protección contra las bacterias, debido a los cambios químicos que tienen lugar dentro de la carne salada como resultado de la combinación de la salmuera con el efecto del humo de madera sobre ella.

Los términos ahumado «en frío» y «en caliente» han generado cierta confusión. El ahumado en frío es el auténtico ahumado, el método por el que la carne cambia tanto de color como de sabor. Se realiza en temperaturas que generalmente oscilan entre los 21-31ºC, idealmente a 25ºC. Si se emplean temperaturas más elevadas, hay varios componentes del serrín o las astillas de madera que se evaporan y forman una costra dura sobre la superficie del alimento que impide que el humo de la madera penetre en el producto y el resultado es siempre un producto de calidad inferior. El método más empleado en Europa consiste en aplicar inicialmente, algo de calor para secar el pescado o la carne, y después ahumar en frío. Esto confiere un color oscuro al producto y muy poco sabor, excepto en las zonas superficiales y próximas a la piel.

Igualmente, muchos fabricantes no salan antes de ahumar y, por tanto, no se producen los cambios químicos que intensifican el sabor y producen el característico color dorado de los productos ahumados. El efecto del ahumado en caliente es que el nivel de partículas de carbono o trazas de hidrocarburos aromáticos en el producto final tenderá a ser mayor que en los productos ahumados en frío porque, en este último caso, las brasas de serrín a menor temperatura liberan vapor más que partículas. Algunos alimentos primero se ahuman en frío y luego en caliente para poder consumirlos sin necesidad de un previo cocinado. Este proceso final de ahumado en caliente suele tener una duración inferior para matar las bacterias o para que la carne esté lo suficientemente tierna para el consumo. Si anteriormente no se ha realizado el ahumado en frío, será mas adecuado decir que el alimento se ha preparado a la brasa, ésta es una de las razones por las que existe una gran demanda de hornos de ahumar ya que, además de ahumar, permiten preparar barbacoas que garantizan que el alimento tarda poco en prepararse pero resulta comestible.

La falta de comprensión sobre el proceso de ahumado ha creado una cierta confusión en las mentes de la mayor parte de los profanos que suelen pensar que un alimento ahumado es sólo un alimento conservado y, por tanto, requiere poca o ninguna atención. Como ya hemos explicado anteriormente, en la actualidad solemos ahumar los alimentos para intensificar su sabor y no para aumentar su conservación, por tanto, es necesario dar prioridad a la parte del proceso en la que se realiza el ahumado en frío y considerar que el tiempo total del proceso completo queda determinado por este factor. Sin embargo, el tiempo es oro, y muchos fabricantes utilizan un flujo de humo de alta velocidad para simular la textura de un producto ahumado sin que se hayan producido cambios químicos, apoyándose en el contenido en sal para conseguir tanto el sabor como la mínima conservación imprescindible para la venta del producto.

Si se impulsa aire a través del ahumador por encima de cierta velocidad, el vapor del humo no se fijará sobre la superficie del alimento y no se desarrollará aroma alguno. Sucede lo mismo con el cambio de color, aunque es posible alterarlo mediante el empleo de tintes o colorantes. El sabor a ahumado no existirá a no ser que se introduzca artificialmente. Los fabricantes tradicionales en todo el mundo son conscientes de la amenaza que representa la competencia de otros métodos de producción modernos. En estos momentos la legislación que regula la diferenciación de métodos no es suficiente.

Se ha explicado que los productos se ahuman en frío, sin embargo no es necesario ahumar en caliente todos los productos. Los productos ahumados en frío pueden ofrecerse al consumidor para que éste los cocine por los procedimientos habituales sin pérdida de sabor final y, siempre que el consumidor sepa cómo cocinarlos, no existe riesgo alguno en su consumo. Pero, debido al hecho de que algunos fabricantes han comercializado de modo inadecuado trucha arco iris ahumada en frío para su consumo sin cocinar, los consumidores tienen buenas razones para estar prevenidos con respecto a tales prácticas.

Estos fabricantes han utilizado materias primas de muy bajo coste, con el fin de producir algo similar al salmón ahumado que genera márgenes de beneficio mucho mayores. La textura y el aspecto son aceptables, pero esta práctica resulta peligrosa a causa de la posibilidad de la presencia de botulismo. Se han realizado campañas de prevención pero hay que tener mucho cuidado por que los medios de información pueden destacar el tema e, inadvertidamente, crear un efecto tan perjudicial para la industria de las granjas de pescado cultivado como si de hecho hubiera habido una infección por consumo de pescado en mal estado.

El pescado de agua dulce siempre debe cocinarse y tratarse con ácido o ahumarse en caliente. La razón de ello es que, en el agua dulce, los peces siempre tienen contacto con el suelo de una manera u otra. El suelo contiene esporas del bacilo *Clostridium butulinum* que pueden ser transferidas al agua dulce y, por tanto, a los peces. Si un alimento en el que hay presencia de esporas no se manipula con cuidado se forman toxinas mortales. El calor destruye estas toxinas, de manera que es esencial cocinar el alimento.

Por otro lado, algunas especies de peces marinos, como el salmón atlántico, pueden consumirse sin precauciones después de haber sido ahumadas en frío porque su ciclo de vida es diferente; entran al agua dulce por un periodo de tiempo limitado, o son capturados en zonas marinas que están relativamente libres de cuerpos extraños. Otro ámbito problemático es el de Estados Unidos ya que este país limita la venta de la especie Oncorhynchus (salmón rojo, salmón rosado, salmón coho, salmón chinook, salmón keta) ahumada en frío y capturada en el Pacífico donde es posible la presencia de *Clostridium botulinum.* Sin embargo, es posible importar estas especies a Europa y venderlas como producto ahumado en frío.

Cuando se cuelga un alimento salado en una corriente de humo frío, la acción de las enzimas provoca la aparición de cambios químicos en el alimento que generan el característico color dorado e intensifican el sabor debido a la ligera pérdida de humedad natural. La sal se introduce en la carne en forma de sal o de solución de salmuera por ósmosis. Se trata de un

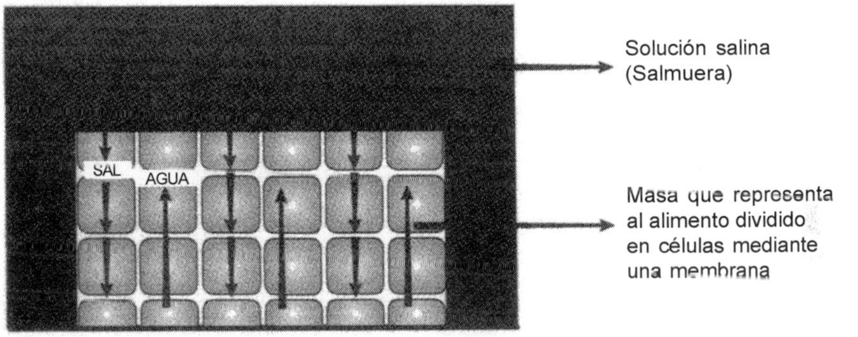

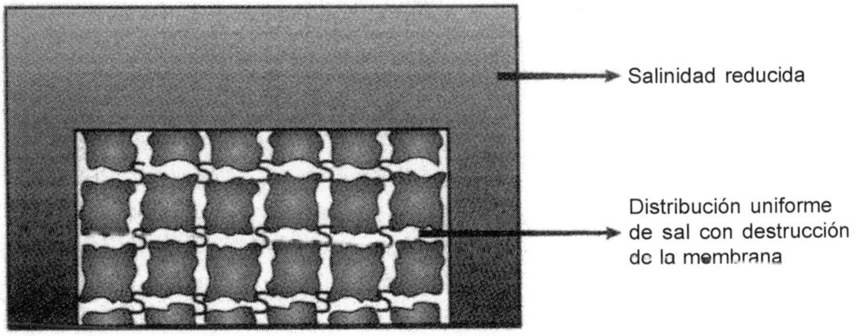

proceso natural por el que cuando una sustancia, a nivel celular, se introduce en una solución salina o se cubre con sal, la salinidad intracelular intentará igualarse con la concentración salina del exterior de las células. Por tanto, el proceso de ósmosis intentará reducir la salinidad del entorno liberando algo de agua y tomando parte de sal. El resultado es un incremento en la salinidad del intracelular y una pequeña reducción de la salinidad extracelular. En efecto, el volumen celular disminuye en el proceso.

Cuando el serrín o las virutas de madera se calientan a temperatura por debajo de 26ºC, se liberan acetatos y aldehídos formando un vapor pálido que se deposita sobre el alimento salado, combinándose con la sal y, por acción de las enzimas, se dispersa a través del alimento alterando tanto su color como su sabor.

Los dos párrafos anteriores simplifican excesivamente un proceso que requiere tiempo y que implica complejos intercambios de enzimas y microorganismos. Como ya he explicado, no es posible acelerar este proceso y, hoy en día, cuando «el tiempo es oro», los clientes tienen derecho a exigir la calidad correspondiente al dinero extra que desembolsan a cambio de un producto ahumado.

Cuando nuestro objetivo es ahumar un alimento con éxito no es necesario comprender todos los intrincados aspectos del proceso pero, desde el punto de vista de la salud y la seguridad, es necesario conocer ciertos detalles básicos. Toda la materia orgánica, como la carne, la caza, las aves y el pescado, contiene enzimas y microorganismos en su estructura. Son componentes esenciales en los procesos bioquímicos y fisiológicos que se producen en el tejido vivo. Cuando se produce la muerte es imposible detener la actividad resultante de estas sustancias, por tanto en la materia orgánica continúa el metabolismo del oxígeno. De hecho, es deseable que estas reacciones continúen hasta un cierto grado. La carne de cualquier pieza recién muerta es correosa y sin sabor, pero si se conserva en un lugar frío sin alcanzar temperaturas de congelación, las enzimas empezarán a ablandar la carne y, consecuentemente, a hacerla más agradable para el paladar; en otras palabras, la carne habrá madurado.

La carne de los animales terrestres tarda más tiempo que el pescado en alcanzar el estado de madurez. Las acciones de las enzimas y del oxígeno sobre la grasa de la carne son más rápidas y tienden a enranciar el producto en un corto periodo de tiempo de forma que muy a menudo se hace necesario eliminar la capa superficial de grasa. Los mataderos modernos se ocupan de este periodo crítico de maduración bajo regulaciones muy estrictas. El tiempo de maduración para la carne de vacuno es más largo que para el cerdo y el cordero. La carne que no haya pasado por este proceso de maduración no podrá ahumarse, porque en la carne inmadura no se produce ósmosis. Como guía para los periodos de maduración baste decir que es necesaria una semana para el vacuno, el venado, el cerdo, el cordero y la cabra. Por el contrario, el pescado y el marisco deben ser tratados tan pronto como desaparece el rigor mortis. La sal y el humo pueden penetrar en la materia prima si se mantienen estas condiciones. Por la misma razón debido a la inmadurez, la carne de ternera, cordero lechal y cabrito no se ahuman porque ni se modifica la textura ni el sabor y la sal no puede penetrar.

Una vez que ha comenzado la degradación del tejido por la acción enzimática ésta debe detenerse en un determinado punto para evitar que el producto se estropee y esto se consigue en la actualidad mediante el control de la temperatura, bien sea por congelación o por cocinado.

El otro grupo de sustancias naturales a considerar son los microorganismos que pueden dividirse en tres categorías (nos ocuparemos de ellos con mayor detalle en el Capítulo 10).

1 Mohos
2 Levaduras
3 Bacterias

Existen numerosos libros, revistas y folletos interesantes sobre estos tres complejos temas, pero para nuestros propósitos sólo es necesario trazar unas simples directrices.

1 En un moho el crecimiento fúngico es visible y fácilmente reconocible. Es un crecimiento en superficie que suele producirse en condiciones de humedad. La cocción destruye los mohos y su crecimiento se controla con una congelación por debajo de 0ºC. (Cuando más adelante se explique el almacenado de alimentos ahumados, especialmente el jamón, se recomendarán lugares fríos y secos para evitar el crecimiento de mohos.)
2 Las levaduras son organismos vegetales vivos, con sus enzimas, consumen almidones y azúcares naturales para producir dióxido de carbono y alcohol. Este proceso se denomina fermentación y no siempre resulta tan visible en lo relativo a los alimentos como lo es con la elaboración de la cerveza. Por tanto, las levaduras pueden alterar los alimentos sin que podamos darnos cuenta. Una temperatura de −18ºC inactiva las levaduras, igual que una temperatura de 121ºC. En otras palabras, congelación profunda o cocinado.
3 El tercer grupo, que resulta familiar para la mayor parte de la gente, son las bacterias. No todas las bacterias son patógenas, pero en el contexto de los procesos de curación y ahumado hay que destruir aquéllas que causan la alteración de la carne. La bacteria permanecerá latente por debajo de los 0ºC y las bacterias quedan destruidas por exposición a una temperatura de 90ºC pero, para garantizar su destrucción total, deben ser sometidas a una temperatura de 121ºC.

Los siguientes detalles de la técnica del ahumado pueden parecer una contradicción con respecto a todo lo anteriormente referido debido al requisito de mantener temperaturas bajas durante el ahumado, pero el factor determinante que explica esta aparente anomalía es el empleo de la sal.

Capítulo 3

La selección de las materias primas

La materias primas destinadas al proceso de ahumado han de ser de buena calidad porque sólo es posible sacar de la cámara de ahumado lo que previamente hemos preparado para introducir en él. Si se pretende conseguir un ahumado perfecto las materias primas han de haber sido adecuadamente saladas, en caso contrario se producirá una interacción incorrecta con el humo. Si las materias primas no se encuentran en condiciones adecuadas para admitir la sal mediante el proceso de ósmosis, el proceso de ahumado se inhibirá. Hay que recordar que, sin una distribución uniforme de la sal en el tejido, no hay posibilidad de interacción con el humo.

Existen varias condiciones bajo las que el proceso de ósmosis no tendrá lugar:

1 La carne no ha superado el proceso de rigor mortis.
2 La carne está inmadura, es decir, pertenece a animales demasiado jóvenes.
3 En el momento de la muerte se ha producido un estrés exagerado, por lo que hay un excesivo contenido en adrenalina.
4 La atmósfera es demasiado fría, lo que produce que la salmuera se enfríe demasiado.
5 La presencia de polifosfato en la carne, que a veces se incluye en los piensos.
6 Otras sustancias como el bicarbonato sódico han estado presentes en los piensos para retener agua y crear peso extra en la carne.

Existen tres grupos principales de materias primas: las carnes (como el cordero, el cerdo, la cabra y el venado), el pescado y las aves. Todos estos productos deben proceder de animales que han sido adecuadamente alimentados y están, por tanto, en buenas condiciones en el momento de su muerte, tras ella su carne permanecerá en reposo para pasar la fase de rigor mortis y la fase de maduración. Teniendo en cuenta la necesidad de ósmosis durante el procesado, la alimentación debe ser lo más próxima a la natural que sea posible, evitando la introducción de piensos granulados con sustancias que no formarían parte natural de la dieta de la especie, por ejemplo proteínas animales para los herbívoros o harinas de pescado para los vegetarianos. No se trata de razones éticas, sino de argumentos basados en que los mecanismos de defensa propios de la especie no están diseñados para combatir las bacterias normalmente asociadas con otras especies. Se reconoce, sin embargo, que en la actualidad resulta difícil diferenciar de qué materiales está compuesta un determinada marca de piensos.

La producción intensiva de hoy en día implica alimentar a los animales con una dieta concentrada que garantiza la obtención de un peso específico en un plazo de tiempo mínimo. Esto suele hacerse con un mínimo de actividad de manera que aunque se crea masa no se crea mucho tono muscular. A no ser que se aplique un periodo de ayuno previo a sacrificar la pieza, el tono muscular será peor y la carne estará más blanda e insípida. Los animales terrestres suelen necesitar un plazo de tiempo más largo que los animales acuáticos y las aves para alcanzar el peso requerido antes de su sacrificio, tienen mayores posibilidades de desarrollar actividad pero incluso así requieren un periodo de hambre antes de darles muerte. Si se aplica un periodo adecuado de ayuno antes del sacrificio y un tiempo adecuado de maduración después del rigor, será posible que pueda desarrollarse un buen tono muscular. El cerdo constituye un buen ejemplo de cómo la agricultura puede afectar al producto final. Los cerdos son temperamentales y si las normas de cría son adecuadas producirán buena carne para el consumo. Necesitan ejercicio, un lugar donde hozar y, a ser posible, también un lugar donde bañarse. Los resultados siempre superan el esfuerzo realizado. Es esencial una manipulación cuidadosa en el transporte hacia el mercado. Si los cerdos están incómodos, se libera demasiada adrenalina en el sistema y la carne después de la muerte nunca será lo suficientemente tierna como para ser consumida.

Carne

Cuando llega el momento del sacrificio hay que diferenciar claramente entre los métodos empleados para mamíferos, aves y pescado. Los mataderos han sufrido grandes cambios a lo largo del tiempo y actualmente el sacrificio se practica con una mínima generación de estrés, que podría ser más reducido si se pudiera evitar el tiempo de espera entre el momento de la llegada de los animales al matadero y el momento en que son sacrificados. Las personas que se ocupan de gestionar el sacrificio de los animales deben tener en cuenta ciertas condiciones que deben aplicarse por ley después de la muerte, pero será labor del comprador preocuparse por que el proceso de rigor se complete de manera natural y por que se conceda un periodo de maduración de unos ocho días antes de entrar en salmuera.

La reducción del pH (el grado de acidez/alcalinidad) por causa del incremento en la acidez que sigue al rigor mortis permite que se produzcan cambios químicos y enzimáticos, y éstos, como contrapartida, generan el incremento del sabor y el desarrollo de la textura. No es necesario dar un lección de bioquímica para comprobar que la obligatoriedad del periodo de maduración. Como la carne que se vende en los supermercados suele estar inmadura, no resulta sorprendente que mucha gente hoy día rehuya la carne ya que nunca han tenido la posibilidad real de experimentar su verdadero sabor.

Pescado

Suele existir un cierta crueldad en el trato dado al pescado, quizá porque vive en una biosfera propia. Es más difícil regular las condiciones de su captura y sacrificio por causa de la lejanía del punto de captura y del consiguiente tiempo de transporte mientras se conserva en hielo. Los peces que son sacados de aguas profundas muy rápidamente sufren lo que los humanos llamaríamos «apoplejías» y muestran signos de hemorragia alrededor de los ojos, donde la carne puede quedar bañada en sangre. Si después de haber congelado este pescado, lo descongelamos, la carne es muy blanda y se pudre muy rápidamente. La asfixia del pescado en el fondo de la red por el peso de los otros peces que se encuentran por encima es otro de los problemas que pueden afectar al pescado porque el estrés que induce la asfixia hace que la carne sea muy blanda y, por tanto, se vuelve inútil para ser tratada con sal. Sin embargo, muchos pescadores desembarcan capturas en perfecto estado y si Vd. se encuentra en un puerto local, adquiera las capturas procedentes de los barcos pequeños ya que los problemas antes mencionados nunca pueden ser tan graves.

Actualmente, un alto porcentaje del pescado empleado para el procesado procede de granjas piscícolas. Algunas granjas son excelentes en la producción de peces que se asemejan a sus equivalentes salvajes. Otras producen peces blandos y fofos por causa de una equivocada relación entre el alimento y la actividad, un periodo de ayuno demasiado corto antes de la recolección y del empleo de un método de sacrificio que crea demasiado estrés. Actualmente, se reconoce que no existe una fórmula ideal para sacrificar peces en grandes cantidades y la posibilidad de darles un golpe en la cabeza uno por uno está fuera de discusión, aunque sigue siendo la fórmula más humana.

Algunos métodos son peores que otros y el uso de dióxido de carbono introducido en los estanques o en el contenedor de sacrificio crea un estrés máximo ya que los peces se vuelven locos en su búsqueda de agua muy rica en oxígeno y descontaminada. Una fuerte descarga de adrenalina al tratar de huir arruina la calidad de la carne.

Un método muy empleado para matar los peces es dejarlos desangrarse hasta la muerte al cortar los opérculos o haciendo un corte en la arteria principal de la cola. Se considera que este sistema de desangrar al pez es cruel, si antes no se le aplica un golpe que le aturda. Teniendo en consideración que los peces han de ser manipulados antes de ser desangrados no existe excusa alguna para no aturdirlos antes. Las ventajas del desangrado son enormes y es algo que siempre debe hacerse porque aparte de eliminar un posible foco de infección por bacterias, la carne se mantiene libre de golpes o marcas de sangre después del ahumado.

Los peces suelen entrar en el periodo de rigor más rápidamente que los animales terrestres y los peces cultivados tardan mucho más que los salvajes, pero en todos los casos, antes de empezar la salmuera el rigor debe haber terminado.

Aves de corral

El último grupo es el de las aves de corral y nunca la producción masiva de alimentos había dado lugar a la introducción de tantos factores dudosos. Sin embargo, éste no es el lugar ni el momento de airear mis puntos de vista puesto que en este libro sólo tienen importancia los aspectos que puedan impedir la obtención de un ahumado adecuado. Los piensos ya han sido mencionados y deben ser tenidos en consideración. En el sacrificio habitual de aves se secciona la cabeza de los animales situados en la cadena de matanza. Entonces se introduce a las aves en un tanque de escaldado, se recogen, se evisceran y se meten en el congelador lo antes posible. Además de la inducción al estrés, el hecho de meter las aves en agua caliente para facilitar el desplume inhibirá la penetración de la sal en la carne. Al ser congeladas tan rápidamente se detiene el aumento natural de la acidez y como consecuencia de esta inhibición ya no existe ningún impedimento que inhiba el desarrollo de las salmonelas. Como el rigor no llega a establecerse, no se produce un descenso continuado del pH, de manera que se no desarrolla ningún sabor ni ninguna textura. El resultado es un producto barato insípido. La falta de sabor es una de las razones por las que el ahumado de aves puede ser muy útil y se pueden evitar todos los peligros antes mencionados si las aves han tenido algo de actividad durante su periodo de vida, han sido sacrificadas de forma humanitaria y se ha permitido que completen el proceso de rigor antes del procesado.

Cuando un animal de carnicería muere o es sacrificado, la carne es correosa y no tiene sabor. En vida, los procesos bioquímicos producen cambios constantes, generando energía a partir del consumo de alimento. En la muerte, la sangre ya no circula, de manera que ya no hay oxígeno disponible o producción de energía, y en ese momento, el músculo muere y comienza el rigor. El proceso es algo más complicado que todo esto, pero para el propósito del ahumado de alimentos es suficiente con reconocer simplemente que así es como sucede. El rigor mortis es reconocible porque la canal entra en rigidez y su manipulación durante este periodo puede dañar la carne. El establecimiento del rigor puede retrasarse mediante la aplicación de hielo o de una temperatura de congelación. También en animales con buenas reservas de glucógeno o, para decirlo con mayor sencillez, en animales que han disfrutado de una buena alimentación y salud, el rigor mortis será más lento.

El rigor en los peces es similar al de los animales terrestres pero puede producirse en temperaturas más elevadas por causa de las condiciones de captura. En casos extremos, cuando la temperatura está cerca de los 17ºC, las contracciones pueden ser tan fuertes que el tejido conectivo que envuelve las capas de músculo se rasga y el tejido del músculo se separa dejando huecos intermedios. Esto recibe el nombre de «gaping*» y supone un verdadero problema si el pez ha de ser cortado en lonchas como en el caso del salmón ahumado o de otro tipo de pez. Si las truchas cultivadas han sufrido un periodo de ayuno previo a la muerte muy corto, por ejemplo, o se ha inducido demasiado estrés en el momento de la muerte, en vez de separación se produce una unión entre los estratos del músculo que también impide que la carne sea adecuada para cortar en lonchas.

El pescado está en mejor estado si se ha completado el periodo de rigor. El salmón no cultivado exuda una sustancia cremosa denominada cuajada que se reabsorbe durante las 24 horas posteriores a la finalización del rigor con el incremento consiguiente del sabor.

Las aves de caza se cuelgan durante periodos de tiempo considerablemente largos que varían desde los dos a los diez días, pero al ser ahumadas es mejor no ampliar este periodo a más de dos días porque el sabor que se consigue después del ahumado es considerado por muchos como demasiado fuerte.

Estas instrucciones pueden aplicarse a cualquier otra materia prima que quiera ahumarse, por semejanza con una de las categorías antes mencionadas y utilizando criterios similares para juzgar si se trata de una materia adecuada o no para ser empleada en el proceso de ahumado.

* N. del T.: «gaping» significa vacío, brecha, hueco.

Capítulo 4

La salmuera

La sal constituye la mitad del proceso de ahumado, siendo el propio ahumado la otra mitad. Es por tanto importante que la sal sea de la mejor calidad posible. La sal es una de las más valiosas sustancias conocidas por el hombre e, históricamente, puede quedar vinculada al desarrollo de las civilizaciones debido a que la presencia de esta mercancía siempre ha sido índice de riqueza. Ha sido sometida a procesos de venta y trueque e incluso se han establecido impuestos sobre ella: cualquiera de estas tres fórmulas implica directamente beneficios económicos para los habitantes de las zonas donde se encontrara el depósito. Tendemos a tratar a la sal con demasiado poco respeto pero si pretendemos pensar en el ahumado de alimentos como una forma de hacer negocio es necesario cambiar esa perspectiva.

La sal siempre procede del mar, pero también puede obtenerse en depósitos que han quedado localizados en tierra después de haberse retirado las aguas durante algún cataclismo geológico. Hay tres tipos principales de sal que pueden ser categorizados como sigue:

1 Sal marina.
2 Sal de roca.
3 Sal por vacío.

La sal marina se consigue rellenando estanques con agua de mar que se evapora por efecto del sol y del viento dejando la sal depositada sobre el fondo. Es necesario contar con un clima adecuado para ello, lo cual restringe el número de zonas en el mundo donde es posible encontrar una sal marina de buena calidad. La pureza del agua de mar recolectada antes de la evaporación y su calidad también son importantes. Cada día es más difícil encontrar agua de mar adecuada para este uso, debido en gran medida a la contaminación.

La sal de roca se obtiene mediante minería sobre los lechos de sal marina fósil acumulada hace muchos miles de años cuando se evaporaron o retiraron los grandes mares. Estos depósitos suelen estar libres de la contaminación contemporánea.

La sal por vacío se obtiene bien por disolución *in situ* de la sal de roca y su bombeo en forma de solución hasta la superficie, o por mezcla de sal de roca con agua después del proceso de minería. En ambos casos, una vez alcanza la superficie se procesa térmicamente en grandes evaporadores en los que la sal se purifica y se seca. Puede ser recristalizada o dejada en forma de polvo fino, que es la forma más habitual destinada a las aplicaciones domésticas. Esta sal se mantiene libre de los aditivos que suelen introducirse en la fase de procesado.

La sal de roca es la más económica y puede ser adquirida en diferentes tamaños de cristal para cada tipo de proceso y producto. La cantidad mínima de elementos traza presentes en la sal de roca es también un factor positivo y añade un aporte imperceptible pero valioso al proceso de ahumado lo que, además, tiene importancia para la nutrición del consumidor de productos ahumados.

Al seleccionar el tipo de sal hay que leer lo que indique la etiqueta del fabricante sobre la composición química y seleccionar la que tenga el menor contenido en sulfato de magnesio y cloruro cálcico porque aunque sean las cantidades muy pequeñas tienden a atraer la humedad de la atmósfera y el deterioro por desarrollo de parásitos y crecimiento fúngico.

La temperatura del ahumado en frío es tan baja que los aceites esenciales de un determinado tipo de madera que pueden crear sabor no se volatilizan y no influye sobre el sabor del producto final. Suele ser necesario añadir una pequeña cantidad de algo que dé caracter al producto final, ¡pero las regulaciones del etiquetado hacen difícil la posibilidad de mantener en secreto el ingrediente! Estas adiciones suelen introducirse con la salmuera y toman la forma de hierbas, especias, vinos, cervezas, alcoholes o cualquier otra cosa que Vd. piense que puede dar buen sabor, siempre que haya seguridad de que no inhibe el proceso de ahumado. Siempre es bueno tomar notas detalladas cuando se experimenta con la producción para poder reproducir el proceso exacto del producto final seleccionado, también es importante hacer múltiples pruebas de almacenado para garantizar que no se producen cambios ulteriores durante al menos un determinado periodo de tiempo.

Por ejemplo, la adición de un poco de turba al serrín debe realizarse con cuidado porque se forma a partir de madera blanda y dará un sabor final de tipo muy acre y además tiende a quemarse a una temperatura demasiado alta, emitiendo algunos de los componentes menos aceptables de entre los que se producen durante la combustión. Cuanto más dura sea la madera, más prolongada y fría será la combustión, a veces es necesario mezclar el serrín de varias maderas de roble y de haya para obtener un color más intenso en el producto final.

Cuando se menciona el término salmuera o salazón, nos referimos al uso de sal, ya sea seca o en solución, con o sin elementos añadidos. La solución de sal con azúcar, especias o hierbas y sal nitro suele denominarse curado o aliñado. La elección del método depende de:

1 La materia prima.
2 El periodo de tiempo que se mantendrá en la salmuera.
3 El periodo de tiempo que se requiere dejar reposar el producto antes de ser consumido.
4 Los métodos alternativos de conservación, es decir, la refrigeración.

La solución de salmuera sólo debe ser lo suficientemente fuerte y el tiempo de exposición sólo lo suficientemente largo como para crear el producto final deseado que finalmente habrá que consumir o congelar. Si el único propósito es el de la conservación, el proceso de curado debe ser más prolongado y con más sal. Hoy día, el paladar moderno rechaza los alimentos muy salados y secos que tanto agradaban al gusto del hombre primitivo en mitad del invierno.

Se añade azúcar a la salmuera porque la sal tiende a endurecer la carne mientras que el azúcar la hace más tierna y fija el color. También proporciona un buen medio para las bacterias necesarias para descomponer el azúcar en ácidos orgánicos, parte de los cuales dan un sabor agradable.

Se añade sal nitro a las salmueras para inhibir el crecimiento de bacterias y para contribuir a mantener el natural color rosado de la carne. No emplee más cantidad de la que se establece en las recetas porque su acción química sólo es deseable en pequeño grado. El grado de salinidad de la salmuera puede constituir una decisión personal, pero debe ser lo suficientemente fuerte como para realizar la tarea esencial que es la cura del alimento. Por ósmosis, la salmuera comienza el proceso de pérdida de peso con la eliminación del agua de la carne.

La salazón en seco tiende a tener por resultado una mayor pérdida de peso que la salmuera que, en el caso del pescado, puede llegar al 9%. Esto queda contrapesado por una menor pérdida de peso durante el ahumado. La merma en el peso en un pescado limpio y eviscerado hacia el final del proceso debe ser aproximadamente del 17%. Para los principiantes se aconseja pesar el material después de cada fase, pero en cuanto se adquiere experiencia será suficiente con conocer el aspecto que tiene el alimento en cada momento. La merma en el peso de las aves de caza y granja suele estar en el 20%, y en las carnes y el venado en cerca del 25%.

Hay dos escuelas de pensamiento en lo que a la salmuera se refiere. Algunas personas prefieren una salmuera fuerte con un tiempo de salmuera corto; otras prefieren una salmuera más débil con un tiempo de salmuera más largo. Aunque no hay ninguna regla fija que sobresalga por encima de las demás, en términos generales, cuanto más fuerte sea la salmuera empleada, menor será el tiempo necesario para que actúe. Con una solución del 80% de sal (4,5 litros de agua con 1,22 kg de sal) se produce una salmuera eficaz para un corto tiempo de exposición. Si se toma esta proporción como punto de partida se podrá experimentar con ligeros cambios en la proporción hasta dar con la preferencia según el gusto personal.

La decisión de optar entre una salmuera en solución o una salazón en seco vuelve a ser una cuestión de gusto, pero si la temperatura ambiental atmosférica es alta (por encima de los 26ºC) el método de la salazón en seco proporcionará una protección más rápida frente al deterioro. Sin embargo, si se dispone de instalaciones de refrigeración, este hecho deja de influir sobre la elección.

Con la salazón en seco se requiere el empleo de ciertos medios para eliminar la humedad extraída, generalmente una bandeja o plancha perforada con un drenaje. Se aplica una capa de sal sobre ella y se coloca el alimento a salar encima. Entonces se espolvorea sal generosamente sobre la superficie superior del alimento, y se añaden sucesivas capas de alimento y de sal hasta que se completa el lote, terminando siempre con una capa de sal cubierta con una tabla de madera muy pesada. Si se trata de pescado hay que poner menos sal en la zona de la cola porque la capa de carne es más delgada y podría salarse en exceso. Cuando el alimento que estamos salando en seco no es plano no resulta fácil construir las capas, pero se pueden poner las piezas por separado en un contenedor y rodearlo todo de sal: por causa de esta dificultad para garantizar una distribución uniforme, el método de la salmuera tiene mayores ventajas que el de la salazón en seco.

La preparación de la salmuera

Para preparar una salmuera se emplea agua tan pura como sea posible, a la que se añade una cantidad determinada de sal y se remueve hasta que ésta queda disuelta. Si se utilizan hierbas o especias, hay que hervirlas en una pequeña cantidad de agua durante 15 minutos más o menos, colar el líquido sobre el agua de la salmuera y guardar las especias o hierbas en una bolsa de muselina que puede añadirse a la solución. (La decisión de añadir sabor en forma de hierbas o especias, sales saborizadas o vinos dependerá del uso final que queramos dar al alimento. Todos estos elementos juegan un papel determinado en el proceso de ahumado y en este caso el fin justifica los medios). Hay que enfriar esta solución hasta aproximadamente 3ºC e introducir el alimento en ella. Hay que mantener la salmuera a 3ºC durante todo el proceso de curado. La temperatura es importante porque inhibe la acción de las bacterias y proporciona a la salmuera tiempo para actuar. Si se mantiene a una temperatura más elevada se producirá deterioro biológico y si la temperatura es inferior no se producirá el proceso de ósmosis.

Las soluciones de salmuera pueden utilizarse más de una vez siempre que se mantengan en buenas condiciones. Una salmuera destinada a pescado no debe utilizarse para ningún otro tipo de alimento. La salmuera no debe reutilizarse si tiene olor agrio o sufre algún tipo de contaminación, si contiene sangre de un uso anterior o tiene aspecto viscoso o deteriorado. La sal es relativamente barata y siempre es mejor hacer una nueva mezcla de salmuera que arriesgarse a fracasar por haber reutilizado una salmuera en estado dudoso. Cuando exista la duda, ¡no la use!

Cuando se sala o cura durante un periodo de tiempo largo, por ejemplo como sucede con los jamones, etcétera, la solución debe revisarse todas las semanas. Esto garantiza que el curado sigue su curso sin problemas. Al abrir el contenedor debe captarse un olor agradable, sin resto alguno de tipo agrio o contaminado. Hay que dar la vuelta al alimento y remover la salmuera para garantizar un curado homogéneo. Si la salmuera muestra algún signo de haberse estropeado lo mejor es tirarla y preparar otro nuevo lote. Es posible determinar si el alimento ha sufrido algún tipo de deterioro, especialmente si está deshuesado, porque olerá a podrido y tendrá limo en superficie e incluso color verdoso. En estos casos es poco lo que se puede hacer, sin embargo, en ocasiones, la eliminación de los huesos y de la carne adyacente puede permitir salvar algunos trozos. De nuevo, si existe la duda, ¡no lo utilice!

Cuando se sala un alimento éste tiende a flotar y hay que emplear algún medio para conseguir que el artículo quede cubierto por completo. Una tabla de plástico bien fregada con un peso en el centro suele ser un método válido.

Cuando se completa el proceso de salado, es importante respetar un determinado tiempo de secado antes de poner el alimento en el ahumador. Esto permite que el exceso de humedad gotee y que se forme la textura típica de la superficie. El brillo de la sal da al artículo terminado una apariencia uniforme que se denomina película exterior y varía en su grosor, dependiendo de las condiciones que hayan prevalecido durante el secado por goteo y en el ahumador. Si la película es demasiado gruesa, suele eliminarse antes de poner el producto a la venta.

La salinidad de la salmuera se mide directamente a través del uso de un salinómetro que da el porcentaje de sal en la solución cuando dejamos que el instrumento flote en la salmuera. Cuando no se dispone de salinómetro, se debe consultar la siguiente tabla para llegar a las concentraciones correctas. La salmuera se concentra a 15ºC. Éste es el peso de sal necesario para las concentraciones más relevantes:

% de solución	*Litro*
40	118 g
50	150 g
60	185 g
65	206 g
70	225 g
80	268 g

La bomba de salmuera

Quizá sea éste el mejor momento para hacer mención de este instrumento. El empleo de una bomba de salmuera o, más recientemente, del método de inyección mediante jeringa para introducir la sal en una pieza de carne, supone una ayuda considerable, pero en ningún caso puede considerarse un sustituto del método de la salmuera explicado anteriormente. La retención de agua es el mayor problema de un mal ahumado, porque significa que la distribución de la sal por el tejido es irregular y, consecuentemente, el humo no puede combinarse con la sal de manera adecuada y por tanto no se produce un ahumado auténtico.

En ciertas ocasiones, sin embargo, es muy útil la ayuda de una bomba de salmuera, especialmente al ahumar pavos grandes o preparar piezas de carne con hueso. En el caso del pavo, se introduce una pequeña cantidad de solución de salmuera del 60% en la parte más gruesa del muslo y de la pechuga. Igualmente, si se está curando una gran pieza de carne con hueso, el deterioro se previene inyectando agua con sal cerca del hueso mientras la salmuera penetra lentamente desde el exterior en el resto de la pieza. La bomba garantiza que la sal penetre incluso en las partes más gruesas de la carne. La ósmosis asegura una salinidad uniforme y una buena textura de la carne. Es habitual raspar y eliminar la mayor parte posible del tuétano del hueso porque se enrancia mucho antes que la carne, a causa de su alto contenido en grasa.

La bomba de salmuera consiste en una serie de partes que fundamentalmente son el barril en el que se guarda la salmuera y la jeringa, a través de la cual se inyecta la solución en la carne. Una vez que la jeringa está llena de salmuera, se inserta la aguja en la parte que requiere sal y se oprime el émbolo suavemente mientras lentamente se va sacando la aguja. Esto asegura una distribución uniforme de la salmuera inyectada.

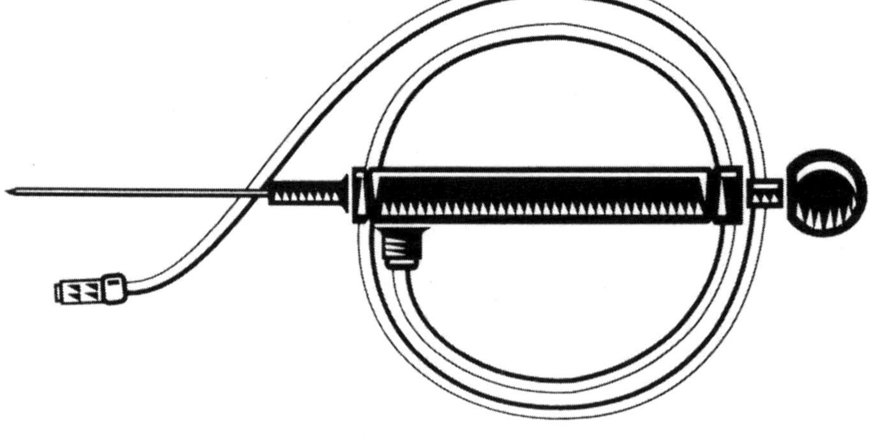

Cuando se extrae la aguja hay que presionar en el agujero de entrada para sellarlo, esto impide que la salmuera se salga. Se puede repetir el proceso en otras zonas de la carne. Una vez finalizado el proceso, el ave o la pieza de carne se sumerge en salmuera de la manera habitual, pero el tiempo de exposición se reduce a la mitad.

Cuando se utiliza una bomba de salmuera hay que asegurarse de que la bomba está esterilizada antes de ser usada, especialmente la aguja, que debe sumergirse en agua hirviendo durante al menos un minuto si no se dispone de equipo de esterilización. Se recomienda también esterilizar la bomba después de su uso.

Ejemplos de salmueras y curado

Nota: cuando las cantidades de agua no son suficientes para sumergir por completo el alimento a curar, hay que multiplicar la cantidad de agua y sal de forma proporcional hasta alcanzar el volumen adecuado.

1. Salmuera para jamón, lengua, venado y otras piezas de vacuno

20 litros de agua
1,1 kg de sal
500 g de azúcar, blanca o morena suave
15 g de sal nitro
60 g de especias de aliño.

Hierva medio litro de agua y añada las especias al agua hirviendo. Deje que la infusión repose durante unos 15 minutos. Mezcle la sal y el agua. Añada el líquido colado de la infusión de especias, aparte las especias y envuélvalas en una bolsa de muselina que se añade a la salmuera por separado. Cuando la sal se haya disuelto por completo, añada el azúcar y la sal nitro.

Enfríe la salmuera hasta 3ºC e introduzca la pieza a salar.

2. Salmuera para lengua, conejo, filetes de cerdo y pequeñas porciones de venado

1,1 litros de agua
180 g de sal
45 g de azúcar blanca
1/8 de una cucharadita[1] de sal nitro
4-5 hojas de laurel

[1] N. del T.: *Teaspoon,* cucharita de té.

1 cucharadita de clavo
1 cucharadita de pimienta inglesa.

El método es el mismo que el anterior.

3. Salmuera para pollos y pavos

4,5 litros de agua
2 cucharaditas de sal de cebolla
1 diente de ajo grande
500 g de sal
60-90 ml de vinagre blanco suave
500 g de azúcar morena suave
2 hojas de laurel
2-3 clavos

Hágase una papilla con la sal de cebolla y un poco de agua. Pele y pique el diente de ajo. Mezcle la sal con el agua. Añada la sal de cebolla ligada, el vinagre, el azúcar y las especias. Enfríe.

4. Salmuera para caza e ingredientes para patés o salchichas, hígado, riñón, etc.

4,5 litros de agua
500 g de melaza negra
2 cucharaditas de sal de cebolla
1 diente de ajo
500 g de sal
60-90 ml de vinagre blanco suave o vinagre de vino
6 bayas de enebro
2-3 hojas de laurel
2-3 clavos
500 ml de vino blanco o tinto, o simple vinagre con unas gotas de coñac para aumentar el sabor.

Caliente la melaza suavemente en su envase para facilitar su medición y manipulación. Ligue la sal de cebolla y pele y pique el diente de ajo. Deje cocer a fuego lento todos los ingredientes. Remueva hasta que la sal quede disuelta. Enfríe.

5. Salmuera para salmón

2,25 litros de agua
500 g de sal
1 cucharadita de azúcar morena o terciada
2 hojas de laurel

5-6 bayas de enebro
½ cucharadita de sal nitro
Ron (aproximadamente 2 cucharaditas).

Mezcle de la forma antes indicada.

6. Salazón seca para vacuno especiado (para una pieza de unos 3 kg)

500 g de sal gorda
1 cucharadita colmada de sal nitro
2 cucharaditas colmadas de azúcar moreno
1 cucharadita de pimienta inglesa
1 diente de ajo (opcional)
1 cucharadita rasa de granos de pimienta
6 hebras de macis
1 cucharadita de clavo
3 hojas de laurel.

Mezcle frotando con los dedos todos los ingredientes secos y macháquelos en el mortero junto a las hojas de laurel y el ajo (si se utiliza). Coloque la carne en un amplio recipiente de barro, plástico o vidrio y frote con fuerza la mezcla de especias por toda la pieza. Esto hay que repetirlo cada día durante una semana recogiendo la mezcla de especias del fondo del recipiente y dando la vuelta a la carne dos veces.

Capítulo 5

Las cámaras de ahumado y otras piezas del equipo

Las cámaras de ahumado se comercializan en gran variedad de tamaños y diseños de modo que, a la hora de elegir, cada cual debe concentrar su interés sobre el tipo de programa de trabajo que pretenda llevar a cabo, ya sea éste de tipo doméstico o comercial. En una cámara de ahumado lo que realmente importa es la calidad del producto final, por lo que es de vital importancia que Vd. escoja una cámara que cumpla con las necesidades de su plan. ¡No utilice un martillo de herrero para cascar una nuez!

¿Qué función debe cumplir una cámara de ahumado?

Las cámaras de ahumar, o ahumadores, han de proporcionar un suministro adecuado de humo y aire en correcta proporción y a la temperatura adecuada con el fin de realizar la función de ahumar en frío, ahumar en caliente y secar. Para ello, cuentan con las siguientes partes:

1 Un ahumador con capacidad suficiente para contener el alimento de forma adecuada, ya sea apoyado o suspendido.
2 Un generador de humo capaz de producir la cantidad de humo suficiente para la carga máxima de alimento que admite el ahumador. También, poseerá un sistema que asegure que el humo y el aire se distribuyan de manera uniforme alrededor del alimento.
3 Una fuente de calor para producir el grado correcto de calor en el ahumado en caliente.
4 Un contenedor de combustible para depositar el serrín cuya combustión producirá el humo.
5 Un sistema de control de la temperatura para monitorizar y mantener la temperatura correcta en el serrín en combustión.

¿Cómo es una cámara de ahumar de buena calidad?

Un buen ahumador debe ser eficiente, es decir, debe emplear un mínimo de energía para crear el calor, el flujo de aire y el humo necesarios. Debe

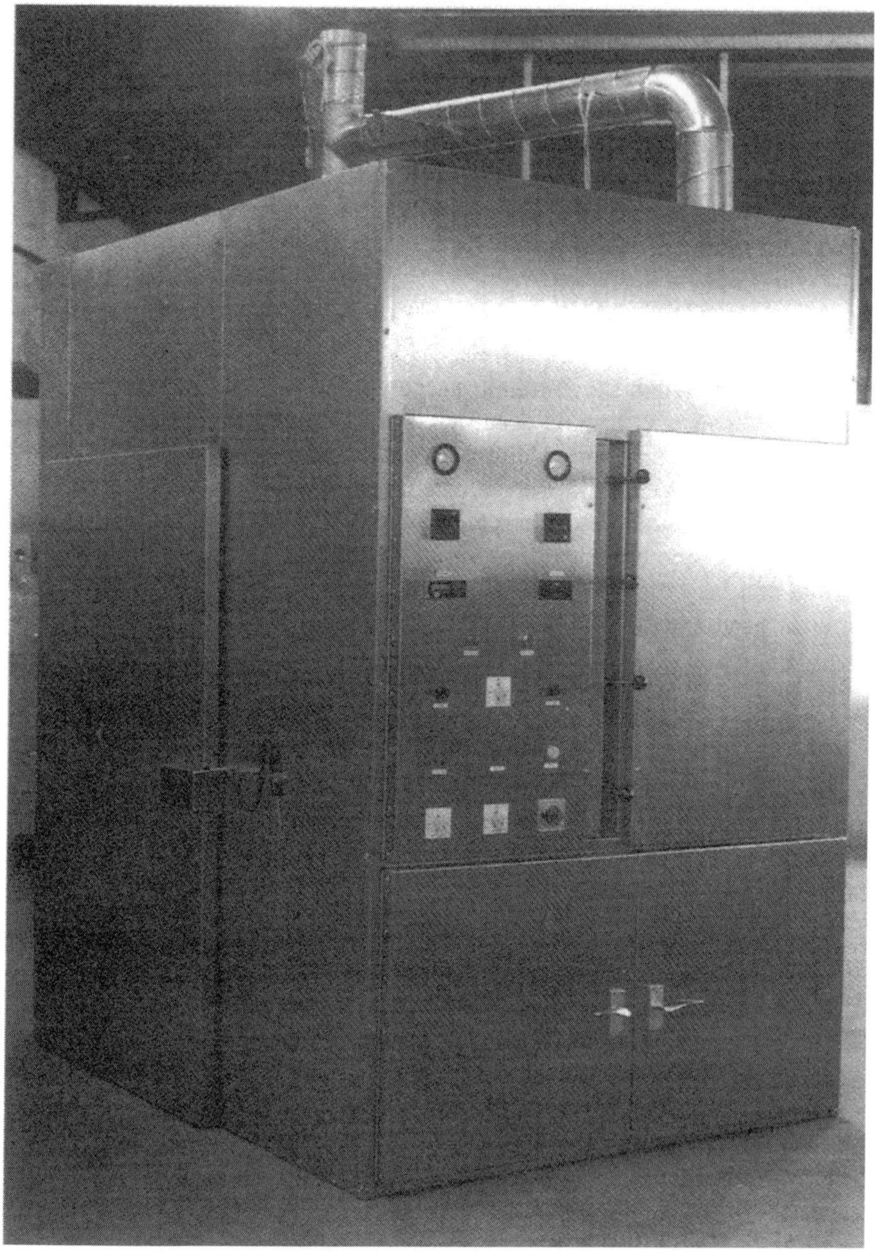

Un horno de ahumar Global II con capacidad nominal para 250 kg. Un horno como éste puede costar entre £ 20.000 y £ 30.000. Fotografía: Bill Miller.

ser fácil de controlar y seguro en su manipulación. La tecnología moderna proporciona los medios adecuados para lograr un control automático de los mandos, un control minucioso de la temperatura y una protección adecuada, además permite la secuenciación de las operaciones mediante programación eliminando la necesidad de tener que atender personalmente el ahumador. Todos estos avances tienen sus ventajas, pero nunca hay que olvidar que la persona encargada debe saber el aspecto que presenta el producto final y debe ser capaz de reconocer los cambios que se producen en la materia prima durante el proceso. Por ejemplo, el salmón y otros pescados con un alto contenido en grasa requieren un mayor tiempo de salazón y ahumado. Los modelos capaces de manejar pocos kilos son adecuados para el uso doméstico y para un negocio de pequeño tamaño mientras que los modelos de tipo comercial pueden llegar a manejar cargas de cientos de kilos. Siempre resulta ventajoso contar con una máquina lo más compacta posible.

Accesorios de la cámara de ahumar

Los sistemas para colgar o sujetar el alimento tienen importancia puesto que es necesario que garanticen una exposición uniforme al humo. Se puede utilizar una amplia gama de bandejas, barras, varillas y ganchos, dependiendo de las piezas de alimento que se haya previsto ahumar, pero es el propio fabricante quien suele suministrar los accesorios adecuados de acuerdo con las necesidades del cliente. La forma habitual de sujetar estos accesorios en la cámara es a partir de una serie de escuadras o abrazaderas instaladas en las paredes de la cámara de ahumado. En las cámaras de mayor tamaño, los accesorios suelen llevarse en un carro que se maneja de forma manual y que se mete y se saca de la cámara según la necesidad. Con el fin de cumplir con la actual legislación vigente, el carro entra por una puerta y sale por otra situada en la pared opuesta de la cámara.

Las paredes de la cámara suelen tener una construcción de doble pared y las superficies internas suelen ser de acero inoxidable en todas las cámaras comerciales y/o de acero galvanizado en los ahumadores de tamaño más reducido. Las paredes exteriores de los grandes ahumadores suelen ser de acero inoxidable y, en los más pequeños, de acero inoxidable o de aluminio. La cámara lleva una puerta rígida de buen ajuste o dos puertas con manijas de cierre que proporcionan una buena estanqueidad por medio de tiras de goma.

El generador de humo

A nadie puede sorprender que éste sea precisamente el mecanismo que produce el humo necesario para el proceso de ahumado. Además del combustible que suele ser serrín, se necesita que haya una correcta entrada de

La cámara doméstica para ahumar en frío Gourmin tiene una capacidad nominal para 5 kg y cuesta £ 189. Es ideal para hacer prácticas y desarrollar productos y técnicas. Funciona con la técnica de corriente natural.

aire para el requerido proceso de combustión lenta, además este flujo de aire se utiliza también, en parte o en su totalidad, para orientar el humo dentro de la cámara. El serrín o la viruta de madera están recogidos en un cajón metálico (o en una serie de cajones en las cámaras más grandes), que tienen agujeros en su cara frontal para permitir la entrada de aire. Estos cajones están situados en un compartimento aparte que está sellado y se sitúa bien por debajo o bien a un lado de la cámara. El cajón tiene una puerta estanca y el suelo o las paredes tienen aberturas para permitir la entrada de aire. Dependiendo del tamaño y la disposición, la cámara de humo puede tener una pantalla de calor, que consiste en una plancha de metal perforada que detiene el paso de las chispas o pavesas y cuenta con un sensor de temperatura. También puede instalarse una bandeja de goteo para la recogida de brea u otros residuos.

¿Cómo se pone en marcha una cámara de ahumado?

En las cámaras tradicionales el serrín se enciende con un pequeño soplete, introduciendo la llama a través de los agujeros situados en la cara frontal hasta que el serrín se enciende. Con un minuto por agujero, el serrín se pondrá rojo antes de asentarse en forma de brasa negra que es el estado deseable.

Fuentes de calor

Para conseguir una entrada de calor en la cámara que va a utilizarse para ahumar en caliente, secar o ahumar en frío en clima muy húmedo y frío, o simplemente para encender la cámara, se necesita un calefactor con resistencia eléctrica revestido de acero inoxidable. Suelen estar situados en la corriente de aire que se dirige hacia la cámara, tanto debajo de él como en el interior de sus paredes huecas. Se disponen de manera que la corriente de aire se caliente uniformemente. Con el consumo de kilovatios es suficiente para mantener la temperatura máxima requerida, pero el aumento de la temperatura debe ser lento para asegurar un calentamiento uniforme del alimento y para facilitar un control adecuado de la temperatura. La mayor parte de los ahumadores están provistos de mecanismos para la selección manual de la cantidad de calor necesario: escaso para el secado y el encendido y alto para el ahumado en caliente. Los reguladores de temperatura suelen estar preparados para seleccionar y mantener la temperatura necesaria en la cámara con bastante precisión.

Flujo de aire y distribución del humo

¿Cómo entra el humo en la cámara? A diferencia de los fortuitos métodos del pasado, en un ahumador moderno se transporta la cantidad adecuada de humo desde el generador de humo hasta la cámara por medio de un flujo de aire controlado. Este flujo de aire puede crearse por varios métodos:

1 Corriente natural. En un fuego doméstico de combustible sólido se produce una corriente de aire natural por ignición del combustible en relación con la altura de la chimenea. La corriente fluye a través del hogar y hacia arriba por la chimenea. Por el mismo mecanismo, el serrín que se quema en el ahumador puede producir suficiente calor como para inducir una corriente natural de aire hacia el generador de humo, a través de la cámara de ahumar y hacia el exterior por la chimenea. Este método suele utilizarse sólo en máquinas pequeñas.

2 Corriente forzada y/o inducida. Cuando la corriente producida de forma natural no es suficiente, es necesario instalar un ventilador. El tamaño y la velocidad de rotación del ventilador se seleccionan de manera que se asegure que forzará el paso de la cantidad de aire necesaria a través del generador de humo y de la cámara de ahumar y que dará paso a la salida al exterior a través de la chimenea. Los pasillos que atraviesa el flujo de

aire suelen estar provistos con humidificadores para regular el flujo y, a veces, también se instalan pletinas para mejorar la distribución del aire dentro de los pasillos. Cuando el ventilador se sitúa entre el generador de humo y la cámara, recibe el nombre de «ventilador interior» y el proceso se denomina «corriente forzada». Si el ventilador está al lado de la chimenea de la cámara se denomina «ventilador exterior» y el proceso «corriente inducida». En el primer caso, el aire se «empuja» a través del ahumador, mientras que el último caso se «tira» de él.

3 Corriente equilibrada. Se puede utilizar una combinación de ventiladores interiores y exteriores para suministrar humo a la cámara y para extraerlo de ella, generalmente suele hacerse en los ahumadores de gran capacidad, que permiten conseguir una mejor distribución y un control más sofisticado de la corriente de aire. Así se produce una corriente de aire y un distribución del humo muy uniformes.

Combustible

Las maderas duras constituyen la fuente preferida para la obtención de serrín o virutas. Las maderas blandas suelen evitarse porque contienen resinas que dan un sabor amargo a los alimentos y liberan sustancias nocivas. El serrín es la forma en la que la madera, una vez encendida, se consumirá en forma de brasa con el menor nivel de aire, lo cual resulta ideal para el ahumado porque, como ya hemos explicado con anterioridad, la meta es mantener una temperatura baja. Una corriente de aire incrementada hará que el serrín o las virutas de madera ardan a mayor temperatura reduciéndose así su capacidad para ahumar en frío. Cuando no se dispone de madera pueden utilizarse otras sustancias como cáscara de arroz, mazorcas de maíz ralladas o bagazo, a ser posible mezcladas con un poquito de serrín de madera. El tamaño de las partículas de serrín debe ser muy pequeño, del tipo que se produce con una sierra manual o una sierra mecánica de cadena fina, aunque cada máquina tendrá un tamaño recomendado o preferible, dependiendo de la corriente de aire en el generador de humo. La mayor parte de los productores comerciales de productos ahumados compran el serrín a granel a un proveedor de confianza, pero es posible que algunos pequeños productores deseen producir un serrín propio. Si Vd. tiene acceso a una sierra de cadena para preparar serrín, ésta debe estar lubricada con aceite vegetal para evitar posteriores olores a aceite mineral en los alimentos.

Equipo auxiliar

Desde un punto de vista comercial, las necesidades deben quedar cubiertas con mesas para manipulación o evisceración que, idealmente, deben estar construidas de acero inoxidable y tener suministro superior de agua con conductos separados para cada operador. Se necesitan **tinas o cubos** de salmuera de calidades aptas para la manipulación de alimentos, serán de plástico fuerte para tareas duras con tapones para el drenaje, de diferentes tamaños que se adecúen al tamaño de los productos que se han de manipular. Las tinas deben estar asignadas de forma permanente a un solo tipo de producto en particular y no deben intercambiarse. Si es posible, deberán estar provistas de ruedas o equipadas con un carro con ruedas para evitar tener que levantar cargas pesadas.

Un **saturador de sal** es el mejor medio de garantizar un suministro de salmuera con la salinidad correcta, y así se evita disponer de una persona para hacer las mezclas de sal y agua. Es un tanque de agua que contiene una cantidad predeterminada de sal y agua que está calibrado para transportar la solución de salmuera hasta el lugar de trabajo. Suele estar localizado lejos del suelo para facilitar el llenado de las tinas de salmuera y para permitir el paso de la solución a través de un filtro y una llave situados en el fondo del tanque y a través de una manga de suministro. Si es necesario, con el aporte de una salmuera fuerte que puede diluirse hasta alcanzar la salinidad adecuada se ahorra tiempo en la mezcla de sal y agua en cada tina de salmuera.

Se necesita una colección de cuchillos para diferentes tareas, como el eviscerado, deshuesado, fileteado y picado. Los **guantes de malla metálica** para proteger las manos son una inversión que merece la pena.

Si no se emplea el saturador de sal, se necesitarán **paletas** hechas de un plástico de alta densidad para mezclar las salmueras en las tinas. El **salinómetro** le permitirá comprobar la fuerza de la salmuera y controlar las pérdidas durante el proceso de salado. Así se garantiza que la sal ha sido absorbida por el producto, ya que si no se aprecia una debilitación de la salmuera probablemente se debe a que algún factor ha impedido que el material absorba la sal.

El **cocedero de jamones** puede ser llenado con agua y mantenido a una temperatura de 75ºC para la mayor parte de los productos. Las piezas se meten dentro de bolsas especiales para la cocción y se deja que hiervan lentamente en su propio jugo durante un tiempo determinado, que varía de acuerdo con el producto. Cerca de cuatro horas y media desde la inmersión en frío hasta alcanzar una temperatura interna de 72-80ºC. La pérdida de peso o mermas en este tipo de cocción es escasa.

Si lo que Vd. desea es comercializar sus productos necesitará una **balanza** para la sal y un **sistema electrónico de pesaje/etiquetado** que realice un etiquetado correcto de los productos envasados. Si Vd. desea comerciar a gran escala, la **máquina retractiladora** de cajas de cartón ahorra gran cantidad de tiempo y confiere al producto un aspecto más profesional que otros métodos de asegurar las solapas de las cajas. También es necesario disponer de algún medio para mantener las cajas frías, los **copos de**

hielo suelen ser el método más habitual. Si se emplea transporte refrigerado, el hielo se conservará en buen estado, pero a veces se requiere un contenedor doble para asegurar que no se producen derrames, como puede ocurrir durante el transporte aéreo. Se puede utilizar **hielo seco** pero es un producto caro y hay que declararlo a las compañías aéreas o a los planificadores del transporte aéreo de mercancías por causa de los gases de dióxido de carbono que se producen cuando la temperatura se eleva. Los **boxes fríos** que se emplean en las **cajas frías** son ideales para trayectos cortos de tipo local, pero también se fabrican para condiciones específicas y son reutilizables. También son efectivas las hojas hechas de un material especial que se enfrían al remojarse. Utilice el sistema que mejor le convenga para cada caso.

Los restos de materia orgánica deben ser recogidos en cubetas de manera que se pueda distinguir con claridad cuáles son reutilizables y cuáles no. Las cubetas pueden vaciarse frecuentemente, bien en contenedores refrigerados para su reutilización o directamente en el depósito de la basura. Esto evita que los restos acaben formando montones por el suelo y sean transportados a otros lugares a través del calzado.

Si se emplean **mesas de corte** deben estar claramente marcadas para cada producto y deben ser limpiadas concienzudamente no sólo al final del día sino varias veces durante la jornada de trabajo. Un método fácil y eficaz de mantener la higiene en las mesas de trabajo es un **spray limpiador de base alcohólica** que se seca posteriormente con toallas de papel.

Si Vd. filetea sus productos debe tener un gran cuidado al escoger su **máquina fileteadora.** Existen numerosas máquinas simples en la industria del vacuno y el cerdo que cumplirán muy eficazmente con esta tarea con una inversión inicial limitada. Si se trata de filetear salmón el problema reviste ya una mayor dificultad. Las fileteadoras que se requieren son extremadamente caras y las mayor parte necesitan que el salmón esté muy frío o casi congelado. Si el producto ya ha sido congelado es ilegal venderlo sin notificar que «no es adecuado para congelar». Los productos precongelados nunca deben ser recongelados ya que después de su descongelación se desarrollan bacterias durante el proceso que pueden contaminar el alimento.

Es necesario decir que actualmente esta regulación no se cumple de manera extensiva. El fileteado manual es cuestión de experiencia. Se necesitan muchas horas de trabajo para compensar el coste de una máquina fileteadora comercial, que debe adquirirse cuando el volumen de resultados lo justifique. Es obvio que las máquinas son eficaces pero no siempre pueden adaptarse a diferentes tipos de pescado, para uso comercial la más recomendable es la máquina eléctrica de cuchilla redonda denominada Wizard que fue originalmente diseñada para eliminar el pelo de los cueros. Sin embargo, el resultado siempre depende de la imaginación y la habilidad del operador por lo que sólo la práctica puede garantizar la consecución de un trabajo perfecto.

Existen numerosas revistas de comercio que ofrecen ayuda con respecto a estos temas relacionados con la preparación y siempre es una buena idea buscar e informarse en varios sitios antes tomar una decisión.

¿Qué se puede decir acerca del **envasado a vacío**? Si Vd. está pensando en suministrar a un gran mercado minorista necesitará envasar a vacío porque este método proporciona la mejor protección que existe en la actualidad, pero no es el envasado ideal y, por supuesto, no implica una mejora del sabor del producto final. En este campo, igual que sucede con el fileteado, busque y valore todos los sistemas posibles y encuentre el más adecuado para el tipo de producción que Vd. piensa realizar.

Cuando haya emprendido el trabajo y haya tenido tiempo de conocer sus características podrá ver con claridad qué ayudas de tipo mecánico podrían hacer su labor más fácil, pero no se quede con la idea de que su trabajo necesariamente tiene que estar lo más automatizado posible. La gente necesita empleo y se tarda mucho tiempo en igualar el salario de un empleado con el coste de las carísimas máquinas de filetear y eviscerar que hay en el mercado. Además, estas máquinas producen una gran cantidad de sobrantes porque deben adaptarse a un tamaño especial de pez o no darán buenos resultados. O se dispone de un gran tonelaje de materia prima de un tamaño particular o el tiempo empleado en colocar la máquina en la posición adecuada para cada tamaño de pez eleva enormemente los costes de producción, todo ello sin mencionar el coste de la inversión en la compra de la máquina.

Recuerde, cuanto más simple sea su equipo, más fácil será mantenerlo limpio y en perfectas condiciones de uso.

Lista de equipo e ingredientes

Escoja un equipo que sea fácil de esterilizar con agua hirviendo. El acero inoxidable y los plásticos especiales para tareas duras son muy adecuados. Un alto nivel de limpieza garantizará un bajo índice de fracaso. La limpieza es más fácil si el equipo es liso, sin esquinas y sin exceso de manillas y protuberancias.

La siguiente lista de equipo básico cubrirá las necesidades iniciales para el salado y el ahumado y puede ser ampliada según las necesidades:

Soplete

Es necesario para encender el serrín. Los fabrican Tamar y Ronson.

Bomba de salmuera

Es una jeringa con una aguja perforada que permite inyectar la salmuera en la parte gruesa del músculo o a lo largo del hueso de las piezas que han de curarse durante un largo periodo de tiempo. Así se asegura una distribución uniforme de la salmuera y se previene el deterioro. Ver la ilustración de la página 20.

Tinas de salmuera

Pueden ser una caja, una fuente, una cazuela, tina o cualquier otro contenedor grande y lo suficientemente fuerte como para contener la salmuera necesaria para cubrir el alimento por completo. Es preferible que tengan una tapa, pero no es esencial. Las tinas con una base con ruedas o los carros para tinas muy grandes facilitan su movimiento.

Combustible

Suele ser serrín de madera dura. En algunos ahumadores puede utilizarse una mezcla de serrín y virutas. Depende de la cantidad de aire disponible, porque si hay demasiado aire el combustible se quemará en vez de consumirse en forma de brasa. Todas las maderas duras británicas son adecuadas, y de entre las extranjeras son preferibles las que tienen un bajo contenido en resinas.

Ganchos, varillas y broquetas

Constituyen un medio de sujetar los alimentos dentro del ahumador, además de las bandejas. Los ganchos pueden ser sencillos o dobles, de mango largo o corto. Las varillas de acero inoxidable son útiles para ensartar los peces a lo largo y permitir una mayor carga en el ahumador. Las varillas de acero inoxidable de sección triangular pueden utilizarse para colgar dos peces, atados por la cola, durante el ahumado.

Guantes

Los guantes de malla metálica para la protección durante el eviscerado, fileteado o deshuesado constituyen una sana precaución. (También se comercializan delantales de un tejido similar a base de eslabones de acero inoxidable).

Cuchillos

Se necesita un conjunto de cuchillos que cubra todas las necesidades de las diferentes operaciones a realizar, deben estar siempre bien afilados. Los mangos no deben ser de madera ya que comportan riesgos para la higiene.

Cuchara de mango largo

Se necesita una cuchara de mango largo o una paleta para mezclar la salmuera.

Termómetro para la carne

Se necesita un termómetro de tipo sonda que se pueda introducir unos 7,5 cm en la carne para registrar la temperatura interna del alimento que se está ahumando en caliente. Existe un tipo con lectura digital manual. Ver ilustración de la página 64.

Sierra para carne

Es útil disponer de una pequeña sierra de hoja adaptable para cortar los huesos al preparar las piezas.

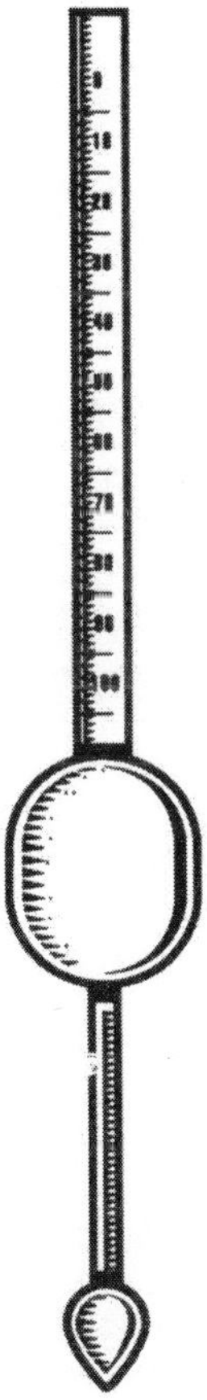

Libro de notas/diario

Una parte esencial del proceso consiste en registrar los grados de las salmueras, los tiempos de exposición y los tiempos de ahumado de manera que exista una base cuantificada para garantizar el éxito en el resultado. También es necesario para conservar los números de lote y los destinos de los envíos.

Salinómetro

Es un instrumento que da las lecturas de la fuerza de la solución de sal en forma de porcentaje.

Sal

Es el ingrediente esencial de toda salmuera.

Saturador de sal

Es un tanque instalado para proporcionar un suministro constante de salmuera con un determinado porcentaje de salinidad.

Sal nitro

Es nitrato de potasio, utilizado en pequeñas cantidades para inhibir el crecimiento de determinadas bacterias y proporcionar un agente químico que estabiliza el producto final de manera que puede recibir la denominación de «curado». Hay varias marcas comerciales de sales de curado que contienen agentes en el mercado pero es necesario estudiar los análisis de los resultados para garantizar que no se exceden los niveles aceptables de nitratos o nitritos.

Balanzas

En necesario pesar y registrar el peso del alimento antes y después de la salmuera para evaluar la pérdida de peso. Se utilizan para determinar el peso total del alimento y decidir la cantidad de salmuera necesaria.

Condimentos

Las hierbas, especias o mezclas de ambas se añaden a las salmueras para darles un determinado sabor. El enebro, el macis, el romero, el clavo, el laurel y la pimienta molida y en grano están entre los condimentos de más amplio uso.

Azúcar

Se añade a las salmueras para contrarrestar el fuerte efecto de la sal. El azúcar puede ser blanco, moreno suave, terciado, negro de Barbados u otros. También pueden utilizarse melazas o miel.

Especias útiles

Especia	***Sabor***	***Usos***
Pimienta inglesa	Olorosa, como una mezcla de canela, clavo y nuez moscada.	Entera, en combinación para escalfar carne y pescado. Marinados.
Anís en grano	Ligeramente a regaliz.	Platos de carne sabrosos. Guisos de vacuno, cazuelas de liebre o pichón. Salchichas.
Alcaravea	Ligeramente acre y a pimienta.	Caza, carne, asaduras sabrosas para compensar la grasa. Buena con cerdo y pavo.
Cardamomo	Ligeramente a limón y de tipo amargo-dulce.	Bueno con vacuno, cerdo y pavo. Se utiliza para dar sabor a los arenques en escabeche.
Chile	Es la más fuerte de todas las especias de tipo pimienta.	En todas las recetas que necesiten una especia fuerte.
Canela y canela china	Suave, dulce, con sabor a almizcle.	Canela en rama en el aliño, espolvoreada en la carne. Capullos completos de canela china en la salsa de curry.
Clavo	Dulce, fuerte y picante.	Entero en las salmueras. Clavados en el jamón. En el aliño para cerdo y vacuno.

Especia	***Sabor***	***Usos***
Coriandro	Suave, dulce y picante.	Salchichas especiadas y pasteles de carne. En salmueras.
Comino	Fuerte y aromático, de sabor persistente.	En marinados o salmueras para cordero y vacuno.
Alholva	Ligeramente amargo y de tipo caramelo.	Entera en combinación. Para escalfar pescado.
Jengibre	Picante, sabor sabroso. Molido es menos picante que la raíz.	Entero en aliños. Molido y espolvoreado sobre pescado al horno o a la parrilla.
Enebro	Dulce, aromático y de tipo pino.	Para salmueras y aliños. Bueno para toda la caza, aves y cerdo. Marinados de todo tipo de carne y pescado.
Macis	Especia exótica con fuerte sabor a nuez moscada.	Entero en aliños, salchichas y cazuelas. Molido en patés, vacuno picado y pastel de carne.
Mezcla de especias	Canela, clavo, pimienta inglesa, algo de jengibre.	Impregnada en el vacuno para aliñar. Cazuelas de caza y pastel de carne.
Semilla de mostaza	Ligeramente acre y picante.	Entera en aliño en carne y pescado, especialmente arenque y caballa. Cazuela de cerdo, ternera, conejo y asadura.
Nuez moscada	Exótica, sabor dulce a almizcle.	Para especiar patés y pastel de carne. Rallada en el pescado. Salsas y platos de pollo blanco.
Paprika	Suave y ligeramente dulce, no picante.	Con marisco, especialmente gambas y langostinos. Platos de carne con tomate.

Especia	***Sabor***	***Usos***
Pimienta, negra	Fuerte, picante, sabrosa.	Los granos enteros para aliñar carne y pescado. En marinados. Molida en todos los platos de carne roja.
Pimienta, blanca	Más suave y menos exótica.	Granos enteros en carne y pescados aliñados. Molida en platos de pescado blanco y aves en los que la pimienta negra afecta a la apariencia.
Especias de aliñar	Granos enteros de pimienta negra y blanca, chiles, semilla de mostaza, clavo, pimienta inglesa, jengibre, macis, coriandro. El sabor depende de los ingredientes y de su proporción. Haga su propia mezcla.	Para aliñar vacuno y cerdo y para pescado en escabeche.
Semilla de amapola	Poco sabor, textura de tipo nuez.	Semilla entera en las salmueras.
Azafrán	Exótico color dorado, sabor ligeramente dulce. Poderoso colorante para pescado y arroz.	
Sésamo	Sabor dulce, de tipo nuez y textura crujiente.	Se tuesta para coronar los platos de pescado y de pollo con cremas.
Tamarindo	Sabor agrio y ácido.	Auténtico sabor agrio para salsas curry de carnes y pescados. Más fuerte que el zumo de limón o lima.
Vainilla	Dulce, de tipo chocolate.	

Hierbas útiles en el ahumado

Las hierbas son útiles, ya sean frescas o secas, como añadido de interés en las salmueras para proporcionar sabor adicional. Siempre es bueno experimentar con una hierba, o con una combinación de hierbas, para garantizar que resulta agradable en el producto final. Algunas hierbas van mejor con determinados alimentos que con otros, la lista siguiente proporciona un punto de partida:

Hierba	***Sabor***	***Usos***
Albahaca	Fuerte, de sabor dulce ligeramente picante.	Para pescados grasos, cordero, pollo, pato, pavo. En combinación con tomate.
Laurel	Aromático, ligeramente amargo. Estimula el apetito.	Parte de un grupo de guarniciones. Con pescados grasos, ternera, salsas para pasta. Patés y tarrinas.
Perifollo	Fragante, ligeramente dulce con olor y sabor aromático.	Para pescado delicado y marisco.
Eneldo	Muy aromático pero algo dulce. Fragante.	Con salmón. Sopas y guisos de pescado. Cordero.
Hinojo	Ligero sabor a anís. Oloroso.	Pescado graso. Cordero. Salsas. Sopas y guisos de pescado.
Ajo	De olor fuerte y sabor picante.	En pequeñas cantidades con casi todo.
Melisa	Esencia fuerte de limón.	Pescado, cordero, pollo y otras aves.
Mejorana	Fuerte, dulce pero picante.	Pescado, vaca, cerdo, salchichas e hígado.
Orégano	Muy sabroso, dulce.	Sopas de pescado, guisos, pescado, cerdo.
Perejil	Oloroso.	Con todo.
Romero	Fragante con picante sabor resinoso.	Anguila, fletán y otros pescados de sabor fuerte.

Hierba	***Sabor***	***Usos***
Salvia	Picante. Esta hierba debe secarse cuidadosamente o no se conseguirá un sabor adecuado.	Aves y venado.
Tomillo salsero	Picante, fuerte y ligeramente a pimienta.	En pequeñas cantidades con anguila y pescados planos. Vaca, cerdo, salchichas e hígado.
Estragón	Fuerte, olor aromático poco usual, dulce pero ligeramente amargo.	Pescado. Aves, venado.
Tomillo	Picante, de tipo clavo.	Pollo, pescado, carne,

Capítulo 6

Las técnicas de ahumado

Es difícil calcular la cantidad de tiempo que un alimento debe permanecer expuesto al humo después del periodo de salmuera por que existen numerosas variables que afectan al proceso, son:

1 El gusto personal.
2 El tipo de alimento.
3 El tipo de proceso que ha sufrido el alimento antes de ser ahumado, por ejemplo, los quesos, los huevos (cocidos) ...
4 El hecho de que el alimento no necesite ser cocinado en modo alguno, por ejemplo, las nueces, la sal ...
5 El hecho de que el alimento vaya a ser consumido en frío.
6 El hecho de que el alimento vaya a ser almacenado y consumido en frío.
7 El hecho de que el alimento vaya a ser consumido en caliente.
8 El hecho de que el alimento vaya a ser almacenado y consumido en caliente.

Todos los alimentos deben ahumarse en frío en primer lugar y durante un periodo de tiempo determinado dentro de una escala de temperatura de 21-31ºC. Si el alimento ahumado en frío va a congelarse para ser posteriormente cocinado antes de su consumo, no es necesario añadir el ahumado en caliente. En el resto de las combinaciones posibles de almacenado y de consumo es necesario ahumar en caliente después del ahumado en frío para así garantizar la seguridad del producto. El sabor se genera durante el periodo de ahumado en frío y, por tanto, nunca es necesario ahumar en caliente para obtener el característico sabor a ahumado. Sin embargo, puesto que el ahumado en frío no garantiza la conservación prolongada siempre es necesario congelar, ahumar en caliente, cocinar o advertir al consumidor de que debe cocinar el producto antes de consumirlo. Cuando se trata de finalizar el producto todas las diferentes formas de cocinado son aceptables, pero el ahumado en caliente tiene la ventaja de que crea un atractivo color oscuro en la superficie exterior del producto.

Cuanto mayor sea el contenido en grasa del alimento que se va a ahumar mayor será el tiempo necesario para que quede ahumado, porque es más difícil secarlo y alcanzar la pérdida de peso deseada. Las recetas que ofrecemos en este libro pueden aplicarse a varias categorías de productos y, siempre que se tomen notas detalladas de los tiempos y de las concentraciones de salmuera y de los tiempos y de las temperaturas del ahumado, es posible llegar a ahumar con éxito una amplia gama de productos que por sus características pueden clasificarse en alguna de las categorías que trataremos a continuación. Recuerde que cuanto más grueso sea el alimento, más tiempo tardará el humo en penetrar hasta el centro.

Queso

No se requiere una preparación de salmuera para este tipo de alimento porque el queso es ya un producto que ha sido procesado previamente con la incorporación de sal. Para evitar que el producto se resquebraje por exceso de sequedad, antes de colocarlo en el ahumador el queso debe ser cortado en porciones que no excedan los 3,5-5 cm de grosor. Con un periodo de ahumado de entre dos y cuatro horas se obtendrá un sabor suave, mientras que con un periodo de cinco a siete horas se producirá un sabor de ahumado más intenso.

La variedad de quesos que se emplean para ahumar es amplia, tanto en las variedades blancas como rojas, los quesos de tipo Edam también se ahuman bien. Asimismo, pueden ahumarse los quesos de leche de cabra y oveja, pero hay que establecer las máximas precauciones para garantizar que antes de la fabricación de estos quesos se han utilizado sistemas para la eliminación de los posibles problemas bacterianos. Los quesos cremosos necesitan mucho menos tiempo de ahumado, porque debido a la humedad extra que contienen, con exceso de humo pueden desarrollar un sabor algo amargo. Los quesos cremosos como el Bonbel se ahuman muy bien una vez se ha retirado la cubierta exterior de cera.

Huevos

No es un producto muy conocido, pero los huevos ahumados constituyen un interesante ingrediente de sabor misteriosamente diferente para añadir a las ensaladas y las salsas, como base para las mayonesas de huevo o como relleno en el centro de los pasteles de carne de caza. Los huevos pueden ser de cualquier tipo de ave, deben estar frescos aunque no recién puestos porque en ese caso no sería posible retirar la cáscara con facilidad y arrastraría la clara con ella. Hay que poner los huevos en un cazo con agua a temperatura ambiente, o en agua fría si proceden directamente de la nevera. Hay que llevar el agua a punto de ebullición a fuego lento. Cuando el agua hierve intensamente, hay que retirarlos del fuego y dejarlos en el agua caliente durante 15 minutos. Luego hay que ponerlos debajo del chorro de agua fría para evitar el oscurecimiento del borde exterior de la yema. Retire la cáscara y póngalos dentro del ahumador. Ahume en frío durante un periodo de cuatro a cinco horas, o hasta que adquieran un color pajizo pálido.

Si dispone de una salmuera que haya sido utilizada para algo que no sea pescado, se pueden poner los huevos en ella durante 5 ó 15 minutos dependiendo de su tamaño. Séquelos y ahúmelos según las instrucciones anteriores.

Se puede espolvorear sal y pimienta sobre los huevos pelados antes de ahumarlos pero esto da al producto final un aspecto sucio y moteado.

Frutos secos

Casi todas las semillas de cáscara dura pueden ahumarse, las almendras, las nueces comunes, las nueces de Brasil, las avellanas, los pistachos, las pipas y los piñones. Deben colocarse en bandejas poco profundas o en planchas perforadas de retícula pequeña (de aluminio, por ejemplo). Espolvoree con sal y ahume en frío. Suele bastar con tres o cuatro horas pero si se desea conseguir un producto asado y ahumado es necesario además ahumar en caliente a 93°C durante 15 minutos.

Sal

La sal ahumada en frío en bandejas poco profundas adquiere un maravilloso tono dorado y un delicado sabor a ahumado que la convierten en un producto muy interesante para condimentar.

Pescado

El pescado puede clasificarse en varios grupos. El pescado marino, el pescado de agua dulce, el pescado blanco y el pescado azul. El pescado blanco, ya sea de agua dulce o salada, se ahuma más rápidamente que el pescado azul, que es más graso.

Jamás intente ahumar un pescado que no esté fresco o recién descongelado por completo, porque los posibles malos sabores propios del deterioro biológico se incrementarán en el ahumador. Si el pescado está congelado, descongélelo por completo y trátelo como si se fuera pescado fresco. La carne de un pescado congelado siempre será más blanda que la del pescado fresco y absorberá la sal más rápidamente. Manipúlelo con cuidado para evitar dejar golpes o contusiones en la carne. El pescado congelado, especialmente si se trata de filetes o porciones, es mejor no colgarlo sino utilizar bandejas de plancha perforada. Cuando los peces enteros son capaces de soportar su propio peso, como es el caso de los peces frescos o de los peces enteros completamente descongelados, pueden suspenderse en ganchos que se ensartan a través de los ojos y las agallas y se cuelgan en varillas de acero inoxidable, o se atan de dos en dos por la cola y se cuelgan en espetones.

Es posible encontrar dificultades cuando el pescado descongelado está demasiado blando. En ocasiones se debe al hecho de que ha sido sacado del mar demasiado deprisa y ha sufrido derrames internos. No son adecuados para ahumar.

El grupo de pescado blanco mejor conocido en las aguas europeas incluye la merluza, la pescadilla, el bacalao, el eglefino, el abadejo y la maruca. El mismo grupo puede encontrarse en aguas de Norteamérica con la adición del pez gato, el pargo, el pargo rojo, la gallineta y el bacalao negro. Esto no es en modo alguno una lista completa, pero permite la comparación con otras especies. Entre los peces más grasos tenemos el salmón del Atlántico *(Salmo salar),* y el grupo que suele identificarse con el salmón del Pacífico: salmón rojo, salmón rosado, salmón coho, salmón chinook y salmón keta, que realmente pertenecen al género Oncorhynchus y no al género *Salmo.* Otros peces de tipo graso son el fletán, la trucha marina, el rodaballo, el esturión, la lubina, el arenque y la caballa. El salmón ahumado se ha convertido en un producto de lujo en todo el mundo, hasta el punto de que el fletán, el esturión y algún tipo de rodaballo se procesan de la misma forma y proporcionan una cierta variedad en la gama de más alta calidad en el mercado de pescado ahumado. El arenque se ha empleado muy frecuentemente en Europa para ahumar pero sólo Gran Bretaña produce el típico kipper o arenque ahumado en frío. Los europeos han intentado no ahumar el arenque en caliente. Mediante técnicas de cocinado y envasado en sal o aceite facilitan la conservación. Las dificultades que entraña la provisión de arenque crudo por causa de la sobrepesca están afectando seriamente a la industria del ahumado de arenque y, actualmente, en Europa del Norte se cotizan enormemente las importaciones de arenque graso de buena calidad.

La caballa, una vez ahumada, se ha convertido en un alimento popular y existe una gran diversidad de calidades. Se han detectado problemas de infecciones debidas al consumo de caballa ahumada, pero la culpa hay que echársela a un colorante utilizado en el proceso y no al pescado en sí. No se recomienda congelar la caballa entera con vísceras, de manera que cuando haga su compra asegúrese de que el pescado ha sido eviscerado con anterioridad a la congelación.

Las siguientes recetas cubren diversos grupos de pescados y sus correspondientes ahumados y pretenden servir como guía para cualquier tipo de pescado similar.

Pescado blanco

El pescado blanco suele ahumarse en forma de filetes o porciones sin espina para ser posteriormente cocinado. También puede ahumarse entero y luego hornearse, constituyendo una buena alternativa a una pieza de carne en la mesa. La carne del pescado blanco tiene un mayor contenido en agua de manera que resulta más eficaz utilizar una salmuera fuerte durante un periodo de tiempo más corto que una salmuera débil durante un periodo de tiempo más largo. La salazón seca también es una posibilidad a tener en cuenta pero el corto periodo de conservación que implica no la hace aconsejable cuando lo que se gestiona es un proceso de producción industrial, excepto si se trata de peces muy grandes. Actualmente, el peso medio de un pez blanco a procesar raramente excede los 1,5-2,5 kg, en filetes (o laterales sin espina) salados de aproximadamente 0,5-1 kg.

Para preparar la mezcla de la salmuera se necesitan 4,5 l de agua fría con 1,22 kg de sal de roca o sal marina. Asegúrese de que la sal está completamente disuelta antes de introducir el pescado. Los filetes de 100 g o de menor tamaño sólo necesitarán cinco minutos en salmuera. Los filetes de 225 g necesitarán 10 minutos y los filetes de 500 g 15 minutos. Los peces enteros necesitan de 30 minutos a una hora.

Saque el pescado de la salmuera y déjelo que gotee y seque hasta que la superficie exterior esté pegajosa. Si pone filetes húmedos en el ahumador, no sólo humedecerá el ahumador con lo que se tardará más tiempo en ahumar el pescado, sino que sobre la superficie de los filetes aparecerán manchas blancas allí donde la sal se ha secado de forma no uniforme, en vez de formarse una película exterior uniforme, tan característica de los productos ahumados.

En ambientes muy húmedos en los que no se dispone de deshumidificador, el secado puede realizarse al aire con un ventilador de aire caliente, lo cual acorta el periodo de secado antes de ahumar. Una vez que la superficie del pescado está pegajosa habrá que ahumar el pescado en frío durante tres o cuatro horas en el caso de los filetes pequeños, durante cinco o seis en el caso de los filetes grandes y en peces enteros abiertos, como es el caso del eglefino de Findon. El pescado entero no fileteado necesitará de siete a ocho horas. Al finalizar estos periodos de tiempo debe haberse empezado a desarrollar el color, que se intensificará una vez fuera del ahumador. Esto es debido a la interacción continuada de la sal con el humo.

Las mermas deben estar alrededor del 12-14%. El pescado que se ahuma de esta forma suele cocinarse antes de consumirse.

Arenque

El kipper es arenque ahumado. El pez debe ser graso, grueso y estar en buenas condiciones (de junio a octubre) para garantizar la obtención de un kipper jugoso. Haga un corte en el pescado desde la cabeza y a lo largo de uno de los lados de la espina dorsal. Abra el pescado y quite las vísceras sin dañar la pared intestinal. Separe la cabeza de la espina dorsal. Con una salmuera del 70% se tarda tres minutos si se trata de peces pequeños, cinco minutos para los de tamaño mediano y 10-12 minutos para los peces más grandes de buena calidad. Deje gotear y secar durante una hora. El secado no es tan importante como en el caso del pescado blanco porque la grasa del pez conseguirá una película exterior natural en el producto final.

Ahume a 30ºC o menos durante un periodo de seis a ocho horas hasta que el color se torne dorado y el producto posea un olor agradable. La merma será del 14-18%.

Lo tradicional en Europa es ahumar el arenque en caliente pero sin salado previo. Al no realizar el ahumado en frío el producto tiene muy poco sabor y sabe a arenque hervido. Si se desea obtener un arenque cocinado, éste puede ser el procedimiento adecuado:

Eviscere el arenque desde el ano a la cabeza. Deje la cabeza porque así es más fácil colgar el pez. Lávelo concienzudamente. Remoje el pez en una solución de salmuera del 80% durante 10 minutos y déjelo que gotee y seque. Ahúmelo en frío durante la noche y después eleve la temperatura lentamente durante 45 minutos hasta que sea posible separar la aleta dorsal con facilidad.

Las recetas del arenque pueden usarse para otros pescados similares.

Buckling

El buckling no es una especialidad muy conocida en Gran Bretaña. Se trata de un arenque que se ahuma entero, con cabeza, intestinos y huevas. Lave el pez y póngalo durante tres horas en una solución de salmuera del 80%. Lávelo con agua fría y déjelo gotear y secar. Cuelgue el pez en una varilla y ahume en frío durante dos horas. Eleve la temperatura del ahumador hasta 40ºC y manténgala hasta que la aleta dorsal pueda separarse fácilmente. Las mermas serán del 20-25%.

Sardinas y chanquetes

Haga un pequeño corte debajo de las agallas y presione para que salgan por él las entrañas. Aclare bien con agua fría. Ponga el pescado durante 8 minutos en una solución de salmuera del 80%. Deje que seque y gotee durante 30 minutos y ahume en frío durante cuatro o cinco horas. Eleve la temperatura hasta 90ºC durante 30 minutos o hasta que estén en su punto.

También se puede retirar el pescado después de haberlo ahumado en frío y asarlo o freírlo para ser consumido caliente.

Arenque rojo

El arenque y las sardinas son pescados adecuados para preparar este tipo de ahumado fuerte. Corte y separe las cabezas, pero no abra los peces. Parte de las vísceras saldrán con la cabeza. Sale en seco durante siete u ocho días dependiendo del tamaño de los peces. La cantidad de sal debe ser igual a la mitad del peso del pescado y debe aplicarse en capas sucesivas: sal, pescado, sal, etc. Después del periodo de salazón, retire la capa exterior de sal del pescado mediante remojo en agua durante una hora.

Ahume en frío hasta que el pescado esté firme y seco. La duración de este proceso variará en relación con la humedad del aire en la cámara de ahumar, del tamaño del pez y de su contenido en grasa. El arenque rojo es un entrante poco usual para paladares muy entrenados.

Smokies

Los productos denominados smokies se asocian con la ciudad de Arbroath en Escocia porque parece que sólo allí son capaces de prepararlos correctamente. Los pequeños eglefinos que suelen ser la materia prima empleada se lavan sin abrir, se ponen en una solución de salmuera del 80% durante aproximadamente 30 minutos, se atan de dos en dos por la cola y se suspenden sobre un hoyo en el que arde una hoguera de troncos de madera. El fuego se apaga con agua y el pescado se cubre con una arpillera u otro material similar, el vapor cargado de partículas hace hervir al pescado y da a su superficie exterior un aspecto de ahumado. Este método de preparación es similar a otros métodos continentales, como el del arenque de Bornholm, pero no puede recibir la denominación de producto ahumado en su sentido estricto. (La isla de Bornholm en el Mar Báltico produce un tipo de arenque que se cocina en cámaras especiales en las que se mueven las sartas de pescado hacia adelante y hacia atrás sobre ascuas en combustión lenta. Se envasan en barriles con sal para la conservación, o se ponen en pequeñas cajas de madera para el comercio de tipo turístico. Sin embargo, como no se utiliza sal antes de la exposición al humo, no se produce coloración ni intensificación del sabor.)

Para fabricar smokies en un ahumador hay que preparar el pescado como se ha descrito anteriormente y ahumar en frío durante tres horas, poner un contenedor con agua en la bandeja de goteo del ahumador, o en el suelo si el generador de humo está separado de la cámara, y elevar la temperatura a 90ºC hasta que la carne esté hecha. ¡El resultado no es tan bueno pero sí muy sabroso!

Caballa

Para obtener el mejor resultado posible, la caballa debe estar recién pescada y la salmuera debe iniciarse tan pronto como se haya terminado el proceso del rigor mortis. Si la especie no se pesca en su localidad siempre debe Vd. comprobar que el lote que adquiera esté fresco. Si la caballa se dobla al sujetarla horizontalmente es porque ya no está lo suficientemente fresca. La mayor parte de la caballa ahumada que se vende en la actualidad está tratada con aire a presión por lo que, desde un punto de vista comercial, no suele ser fácil competir con este tipo de producto aun cuando una caballa haya sido ahumada correctamente. Sin embargo, si Vd. ahuma caballa para su comercialización en un mercado local, tenga por seguro que podrá vender todo lo que produzca.

Eviscere el pescado y extraiga la arteria principal que discurre paralela a la espina dorsal, lávelo en agua fría. Deje las cabezas. Utilice una salmuera del 70-75% y deje el pescado en remojo durante una hora y media o dos horas dependiendo de su tamaño. Aclare el pescado en agua fría y cuélguelo en las varillas por los ojos. Deje secar y gotear durante dos o tres horas. Puede insertar palillos para mantener abierta la cavidad abdominal y permitir una buena penetración del humo, pero no es esencial. Ahume en frío durante un periodo de cuatro a seis horas hasta que la piel esté seca y el color sea dorado. Eleve la temperatura hasta 82ºC hasta el pescado este hecho. Las mermas son alrededor del 25%. La piel del vientre y de los flancos se pondrá de color dorado oscuro y le saldrán pequeñas arrugas según se vaya enfriando.

Trucha

Ésta es una receta para trucha de agua dulce que siempre debe ahumarse en caliente porque existe la posibilidad de que contenga esporas de botulismo. Este tipo de ahumado dará muy buen color a la trucha. Eviscere la trucha y lávela a conciencia en agua fría. Los ejemplares de hasta 500 g deben ponerse en una salmuera del 80% durante media hora. Los peces más grandes deben permanecer durante más tiempo de forma proporcional a su peso. Después de usar la salmuera, deje que el pescado gotee y seque hasta que la superficie esté pegajosa. Ahume en frío durante la noche durante un mínimo de siete horas. Eleve lentamente la temperatura a 82ºC y retire el pescado cuando esté hecho. La aleta dorsal tiene que ser fácil de quitar cuando la trucha esté lista.

Deje que se enfríe antes de envasar.

Si se ahuman filetes de trucha fresca hay que dejarlos 30 minutos en salmuera, seis horas en el ahumador en frío y ahumar en caliente a la misma temperatura que para el pez entero. También es posible ahumar en frío y en caliente todo el pez y después separar por la espina dorsal con el resultado de obtener dos atractivos filetes. La piel debe retirarse después de haber separado los filetes de la espina dorsal porque mantiene más fácilmente la carne unida durante la manipulación.

Anguilas

Hay que señalar que es necesario mantener las anguilas en agua limpia durante un par de días antes de empezar su tratamiento para garantizar que no queda rastro de sabor a lodo en la carne. Si se trata de anguilas de granja, se recomienda un periodo de ayuno anterior al sacrificio de al menos tres días. Al eviscerar hay que asegurarse de que se ha sacado el riñón ya que, en caso contrario, se producirá deterioro debido a que el ácido de este órgano llegará hasta la carne del músculo. El riñón se encuentra debajo del ano.

La familia de las anguilas tienen diversos tamaños, desde los congrios de un metro de largo hasta las anguilas plateadas de medio metro. Las anguilas plateadas se encuentran en ríos y lagunas, tienen el vientre de color plateado y la carne no es muy correosa. El proceso de ahumado es el mismo excepto en lo relativo a la duración de la salmuera que debe ampliarse en el caso de los congrios. Las anguilas son muy difíciles de matar, y el método más rápido y caritativo consiste en preparar una solución salina saturada con agua tibia, es decir, la máxima cantidad de sal que pueda disolverse en ella. El contenedor debe ser muy profundo para que las anguilas no puedan saltar fuera, o estar provisto de una tapa con cierres fijos. Ponga las anguilas en el contenedor. La actividad de las mismas será extrema durante un segundo o dos, a partir de ese momento disminuirá el movimiento. Déjelas en esta solución durante 10 minutos. Sáquelas y lávelas en agua fría. Una vez muertas, hay que esperar a que haya finalizado el rigor mortis antes de iniciar la salmuera.

Cuando las anguilas estén preparadas, póngalas en una solución de salmuera del 80% durante 10-15 minutos para las anguilas y 30 minutos para los congrios. Debido a su alto contenido en grasa, podemos poner las anguilas en el ahumador aún húmedas, pero esto implica introducir humedad en el ahumador por lo que, si hay tiempo suficiente, es mejor dejarlas que goteen y sequen hasta que la superficie esté pegajosa.

Se pueden utilizar pequeñas broquetas de madera para mantener las paredes del vientre separadas; pero no es imprescindible porque el humo penetrará de cualquier modo. Ahume en frío durante seis horas, eleve la temperatura a 32ºC durante otra hora y termine el proceso elevando lentamente la temperatura a 80ºC y manteniéndola hasta que las anguilas estén tiernas. Las anguilas deben tener un buen olor a ahumado y la carne debe tener una consistencia firme pero mantecosa. No debe ser correosa ni saber demasiado a sal. La merma en las anguilas sin eviscerar hasta conseguir el producto final ahumado es aproximadamente del 40%.

Pardete

He singularizado este pez porque se usan las huevas para hacer botargo (ver también en Huevas de pescado en la página 57) y, por tanto, una vez que se extraen las huevas el pez queda disponible para ahumar. Las escamas son muy fuertes y han de ser retiradas antes del ahumado. Utilice una salmuera del 80% y deje el pescado dentro durante 20-30 minutos, dependiendo del tamaño. Deje que gotee y seque.

Ahume en frío durante la noche durante al menos 12 horas hasta conseguir un color pajizo. El salmonete puede tratarse de la misma manera.

Colas de angelote

El angelote ha dejado de ser un pez inútil en las redes de nuestros pescadores, y las colas y los filetes de la zona del vientre son una delicia y excelentes para ahumar. Utilice una solución de salmuera del 80%, usarla cinco o diez minutos para los filetes, dependiendo de su grosor y 10-15 minutos para las colas, también de acuerdo con su tamaño. Ahume en frío hasta conseguir un color de tono pajizo.

Alas de raya

Las alas de raya deben ponerse en una solución de salmuera del 80% durante 5 minutos o más dependiendo de su tamaño que, en algunas ocasiones, puede llegar a ser muy grande. Ahume en frío hasta conseguir un color pajizo pálido. Esto requerirá un mínimo de cuatro horas para las alas pequeñas, incrementándose este tiempo de forma proporcional al grosor de las mismas.

Pez espada

En Gran Bretaña suele venderse el pez espada en filetes pero, sin duda, la mejor manera de ahumar este pez tan aromático es sacar filetes desde la espina. Se consigue así una mejor apariencia que se presta a la preparación de diferentes platos y además se evitan las manchas de sangre. Utilice sal seca o una salmuera del 70% y sumerja el pescado durante 10 minutos o más dependiendo de su grosor. Ahume en frío durante un periodo de seis a ocho horas. Si la carne tiende a secarse durante el ahumado, pincélela ligeramente con aceite vegetal.

Esturión

Ver Salmón.

Salmón

La calidad de la materia prima es vital en el ahumado de este pez. El salmón suele ahumarse en dos piezas laterales separadas, aunque si se cuelga dentro del ahumador está permitido ahumar el pez entero abierto en forma de «mariposa». Esto implica hacer un corte desde la nariz del pez, a través de la cabeza y hacia abajo por un lado de la espina dorsal, sin cortar la piel del vientre. Se abre el pez y se quitan las vísceras. También se puede quitar la espina dorsal, pero es más fácil no tocarla para que ayude a sujetar la carne del pez durante el ahumado. Se pone el salmón en salmuera y después se inserta en las varillas por debajo del hueso de la orejeta y se cuelga en el ahumador. En algunos peces cultivados, o en peces que han estado congelados durante largo tiempo, los huesos no son lo suficientemente fuertes como para soportar el peso de la carne por lo que en estos casos no se recomienda la forma de mariposa.

Se eviscera el salmón, haciendo un corte hacia arriba desde el ano hasta la cabeza y sacando todos los intestinos. Si es posible, utilice siempre peces que hayan sido desangrados e intente sacar los intestinos de una sola vez, sin romper el corazón ni el riñón. Al minimizar la afluencia de sangre es más fácil mantener la carne limpia y se facilita un riesgo menor a que se produzca una infección de tipo bacteriano. Limpie la espina dorsal y lave a conciencia el pescado en agua fría. Si desea obtener las dos piezas laterales, conserve la cabeza en su sitio porque ésta proporciona un lugar ideal en el que apoyarse para sacar los filetes. Para facilitar la penetración de sal se eliminan trozos de piel en la cabeza y en la cola y en mitad de la espalda a ambos lados del pez. Es preferible hacer esta operación antes de separar los laterales. La razón de esto es permitir que la sal penetre mejor a través de la capa exterior de grasa que está justo debajo de la piel. Si no se hace, el tiempo que tardaría una penetración de sal normal se aumentará de tal manera que el producto final estará demasiado salado. Si Vd. pretende vender el producto, consulte siempre con su cliente qué porcentaje de sal desea porque es este factor el que determina la cantidad de tiempo que debe permanecer el pescado en salmuera. Mientras realice sus sesiones de prueba, haga que un buen analista profesional del sector alimentario analice el contenido en sal de vez en cuando. Existe la idea equivocada de que todos los salmones son iguales, pero no es así. Generalmente, los resultados de estos análisis pueden servir como indicativo de que no todo es positivo en el pescado que Vd. compra. Por ejemplo, si no se alcanza el nivel de sal previsto, esto significa que no se ha producido el proceso de ósmosis de forma correcta por las razones que se mencionan en el Capítulo 3, *Selección de materias primas.* Cuando se trata de exportar salmón ahumado, una medición incorrecta del nivel de sal puede llegar a convertirse en la devolución de todo un lote de producto. La importancia de conocer la procedencia y el tratamiento que ha recibido el salmón que se compra es esencial, por ejemplo, ¿se ha envasado el salmón antes de la finalización del proceso de rigor mortis? Si es así, debe ser sacado del hielo del envase para dejar que finalice el rigor mortis y cumpla así los requisitos imprescindibles para poder realizar un proceso de ahumado correcto. Esto tiene una importancia extrema y no debe olvidarse jamás ya que es un factor esencial para la calidad del producto final y, por tanto, para todo su negocio. No existe una fórmula precisa para conseguir un ahumado de salmón perfecto porque todos los peces son diferentes entre sí, sólo es posible garantizar la obtención de buenos resultados apoyándose en la experiencia y en el interés que se tenga por conseguir una buena calidad en el producto final. Sin embargo, existen ciertos factores que influyen sobre el tiempo de salmuera y de ahumado.

1 La preferencia personal en cuanto al sabor del ahumado y a la intensidad del color de la carne, el tiempo que debe transcurrir entre el ahumado y el consumo alimentario y los requisitos solicitados por el cliente. Estos factores, por sí solos, tienen como resultado tiempos de salmuera que oscilan entre las seis y las 30 horas, o más. El salmón ahumado es un producto final que puede presentar considerables variaciones. El lox, nombre que se da al salmón ahumado ligeramente salado en las comunidades judías y en Nueva York, necesita sólo seis horas de salmuera y diez minutos en el ahumador. El tradicional salmón ahumado escocés se sala en seco o en solución de salmuera durante la noche por un tiempo similar y se ahuma durante un día aproximadamente en los elevados edificios de ahumar que hoy día ya sólo pueden verse en muy pocas ocasiones. Los indios norteamericanos salan en seco el pescado durante un periodo de tiempo incluso mayor y lo ahuman hasta que toma un color casi negro. Por tanto, la gama de posibilidades es muy amplia y, por ello, siempre es buena idea saber qué tipo de producto final es el que su cliente desea.

   Si el salmón va a consumirse inmediatamente después de haber sido ahumado, hay que mantener el nivel del sal en cerca del 2,5%, pero si va a ser almacenado durante unas tres semanas, tal y como suelen exigir la mayor parte de los supermercados, entonces es más adecuado un nivel del 3%. Esto hace que el salmón tenga un sabor más salado a no ser que se aplique un mayor tiempo de ahumado de manera que la acción enzimática provoque cambios en la estructura química del alimento.

   Si el salmón se va a refrigerar pero no a congelar, el nivel de sal aceptable está en el 2,5%, aunque los supermercados prefieren un nivel un poco más elevado como garantía.

   Es oportuno recordar que el buen sabor del producto suele ser indicativo de la bondad del proceso de producción y, por tanto, una mayor duración de la vida en almacén. Un salmón salado y con poco sabor suele haberse producido mediante un método de ahumado rápido en un ahumador a presión que se apoya en la cantidad de sal para asegurar la conservación en almacén, mientras que un ahumado más lento y prolongado permite que la combinación de los aldehídos y los acetatos con la sal se traduzca en un producto final de mayor calidad.

2 El tipo de salmón, por ejemplo si es del Atlántico salvaje o cultivado, del Atlántico importado, del Pacífico o salmón cultivado en otras partes del mundo a partir de huevas de salmón del Atlántico. Siempre es útil recordar que los salmones del Pacífico no son verdaderos salmones, sino parientes de la familia del bacalao y, por tanto, sujetos a la posibilidad de infección por gusanos si viven en aguas cálidas. Si Vd. va a exportar a los Estados Unidos, debe consultar las regulaciones publicadas por la *Food & Drug Administration*[2] para asegurarse de que no va a tropezar con decomisos relacionados con este tipo de pescado.

3 El contenido en humedad del salmón después de la salmuera y el contenido en humedad requerido después del ahumado. Una cantidad excesiva de grasa en la materia prima puede alterar ambas mediciones.

4 La humedad del aire y del humo durante el ahumado. Debe eliminarse la humedad de la cámara dejando que los vapores transportados por el humo se combinen con la sal que, a su debido tiempo, tiene un efecto de secado. Algunos ahumadores se basan en un flujo de aire de alta velocidad que seca el pescado para acelerar el proceso, pero como el aire pasa por el pescado demasiado deprisa, los vapores no se fijan y no pueden combinarse con la sal. Por tanto, no se produce ni reacción con la carne ni auténtico ahumado. Para contrarrestar este hecho, se aplica a veces una fina pulverización de agua con el fin de mantener el contenido en humedad en el ahumador, pero esta acción se presta a combinarse con el contenido en carbón y producir un depósito del tipo brea.

5 El porcentaje de salinidad de la salmuera o de la salazón y el tiempo necesario para que el pescado sea salazonado.

6 El peso y el grosor de cada una de las piezas laterales del salmón y su contenido en grasa. El contenido en grasa del salmón salvaje dependerá del momento del año, de si ha sido capturado antes o después del periodo de desove. Este factor tiene también una influencia decisiva sobre el salmón cultivado, aunque su ciclo natural sea diferente, igual que lo es el tipo de alimentación utilizada, la temperatura, el movimiento del agua y la densidad de los ejemplares.

Teniendo en cuenta estos factores es posible iniciar las labores de preparación del salmón para ahumar. La salazón en seco es el método tradicional escocés y aún constituye un buen método. Requiere algo más de experiencia para determinar los tiempos necesarios para cada pez y para saber cuándo se ha incorporado la suficiente sal. Como guía puede tomarse el peso de uno de los filetes laterales del salmón a ahumar y utilizar un tercio de ese

---

[2] N. del T.: Ministerio de Alimentación y Medicamentos.

peso en sal para el salado de cada lateral. Prepare un lecho de sal en el fondo del contenedor o bandeja y coloque un lateral del salmón con la piel hacia abajo sobre la sal del fondo, cubra con sal la parte superior del lateral, coloque el otro lateral con la piel hacia abajo, cubra con sal y repita la operación hasta que todos los laterales estén emparedados entre dos capas de sal. Deje el pescado en sal durante la noche y por la mañana prepare una solución de salmuera del 40% y lave la sal superficial del salmón dejándolo dentro de esta solución durante 30 minutos. Sáquelo de la solución y deje que gotee y seque hasta que la superficie del pescado esté pegajosa.

Sin embargo, para los principiantes en salar pescado siempre será más fácil utilizar la solución de salmuera y no la salazón seca porque se obtiene un resultado más uniforme si el pescado se mantiene durante el tiempo suficiente dentro de una solución de salinidad media. El primer método consiste en poner los filetes laterales en una solución de salmuera del 60%, a la que se puede añadir un poco de azúcar morena para evitar el efecto endurecedor de la sal, así hay que dejar que el pescado se sale durante toda la noche. Cuando haya terminado el periodo de salmuera, saque el pescado de la solución, deje que gotee y seque. Actúe ahora igual que con el salmón salado en seco. También puede utilizarse una solución de salmuera del 80% y dejar el pescado en ella durante un periodo de entre dos horas y media y cuatro horas, dependiendo del tamaño de las piezas laterales. La sal tarda aproximadamente una hora en penetrar 6 mm en la carne del salmón. Cuando un pescado ha quedado salado de forma uniforme su textura es elástica, nunca endurecida, y debe ser similar en todas las diversas partes del pez.

Si es Vd. principiante, pese siempre el pescado antes de ponerlo en salmuera y deje que seque y gotee. Con la salazón en seco, la pérdida de peso será aproximadamente de un 8%. Con salmuera la merma debe ser de un 2% o poco más. Si no se produce pérdida de peso alguna significa que algo no es correcto en las características del pescado. Después del secado al aire, ahume en frío durante un mínimo de 10 horas para los filetes laterales más pequeños e incremente este tiempo hasta que los laterales adquieran un reflejo dorado y puedan combarse de forma flexible, cuando pase el dedo hacia abajo por la superficie de la pieza debe percibirse un pequeño resto de grasa pero no de agua. Saque el pescado del ahumador y deje que madure durante al menos 12 horas antes de retirar la espina. Las espinas situadas a lo largo del pez deben extraerse tirando suavemente hacia atrás de sus finas puntas con ayuda de unas pinzas o unos alicates esterilizados. También debe quitarse la espina situada en la parte superior que se mantiene hasta el final del proceso para que sirva de sostén a la pieza. El siguiente paso es el fileteado y el envasado. La maduración debe realizarse en un ambiente enfriado a 3°C. Es oportuno señalar que un salmón de buena calidad necesita al menos 18 horas de ahumado en frío, porque los cambios químicos generados por las encimas comienzan en la superficie exterior y se adentran lentamente en la pieza dando lugar a los cambios de sabor y color propios del producto ahumado.

Recapitulando, ésta es la lista de fases que se emplea para el ahumado de salmón por principiantes.

Mientras el pescado está en rigor mortis se puede ir preparando la salmuera o bien realizar el pesado de la sal para la salazón seca.

1 Eviscere el pescado.
2 Elimine pedazos de piel.
3 Separe los dos filetes laterales.
4 Ponga el pescado en la salmuera o en la salazón seca.
5 Deje secar y gotear.
6 Ahume durante al menos 10 horas.
7 Deje que transcurra el periodo de maduración.
8 Elimine las espinas y el hueso de la orejeta.
9 Arregle y filetee (si se requiere).
10 Envase y etiquete (si se requiere).

Fletán

Eviscere el pescado, separe los filetes laterales y póngalos en salmuera durante la noche en una solución del 50%. Ahume como en el caso del salmón. (Los fieletes cortados a lo ancho del pez son adecuados como entremés o entrante).

Rodaballo

Ver Fletán.

Trucha marina

Proceda igual que con el salmón si se trata de preparar un producto ahumado en frío, pero si el producto final debe ser cocinado, siga las instrucciones de la trucha de agua dulce.

Huevas de pescado

Los huevos del pescado se encuentran recogidos en un saco de huevos protegido por una membrana. Se conocen con el nombre de huevas si son femeninas o de lecha si son huevos masculinos. Estos huevos se pueden ahumar en caliente y los diversos tipos de productos finales varían desde las huevas maduras sueltas extraídas de un ejemplar femenino maduro y ahumadas sobre una superficie adecuada hasta los sacos de huevos ahumados enteros. Cuando se ahuman huevas maduras, la membrana del saco tiende a romperse con facilidad y es necesario preparar una bandeja cubierta con una muselina para recoger las huevas que se puedan derramar. Deposite la bandeja cuidadosamente dentro de una solución de salmuera del 80%. No la sumerja por completo porque las huevas flotarían. Deje que actué la salmuera durante un minuto y saque la bandeja. Ahume en frío durante tres o cuatro horas. Coloque las huevas en frascos de tapa hermética. Manténgalos refrigerados y consúmalos lo más pronto posible para conseguir el máximo sabor. (Las huevas de galopín de mar pueden ahumarse, pero se requiere una gran cantidad de ejemplares para conseguir una cantidad de huevas suficiente. Como experimento personal, saque las huevas, póngalas en una solución de salmuera del 70% durante dos minutos y ahume en frío durante tres u cuatro horas).

Los sacos de huevas enteros son menos delicados y más fáciles de manipular pero, no obstante, al ser tan fina la membrana que constituye el saco y que rodea las huevas, es necesario reducir la manipulación al mínimo posible. Prepare las bandejas del ahumador cubriéndolas con una muselina. Ponga las huevas en la bandeja y sumérjala en una solución de salmuera del 70%. Hay que salar los sacos grandes de huevas durante una hora, los pequeños durante 30 minutos.

Saque las huevas de la salmuera y deje que sequen y goteen. Existen dos opiniones: la primera es que las huevas deben ahumarse hasta que el exterior adquiera un color oscuro pardo-rojizo y estén bastante secas. La segunda es que hay que ahumar las huevas sólo durante el tiempo necesario para conseguir sabor y dejando que la membrana exterior sea fácil de retirar para colocar las huevas en forma de salchicha fácil de filetear. Para la primera opción ahume durante al menos 24 horas con una merma de cerca del 30% o bien ahume en frío durante siete u ocho horas elevando la temperatura 10°C durante los últimos 45 minutos.

Con los sacos de huevas ahumados, generalmente de ejemplares de pequeño tamaño de eglefino, bacalao, mújol o abadejo, se puede preparar una especialidad deliciosa que se rebana para preparar aperitivos o entrantes. En los países mediterráneos se conocen estas huevas con el nombre de botargo. El método empleado es el mismo para ahumar y secar las huevas. Las huevas no son de tamaño uniforme y pueden ser difíciles de servir una vez preparadas. Para solucionar este problema se embuten tripas del tipo de las empleadas para las salchichas. Use sólo tripas naturales o materiales que permitan la penetración del humo y/o del aire. Evite siempre las tripas de plástico.

Envase cuidadosamente las huevas, aún en su membrana natural, en la tripa cerrada por un extremo. Cuelgue la salchicha por el otro extremo para permitir que las huevas se compacten por efecto de su propio peso. Prepare una salmuera del 60% y sumerja las salchichas con un diámetro de 5 cm durante una hora y durante 30 minutos las más pequeñas. En esta fase, decida si desea el sabor añadido del humo al secar al aire. Si es así, ahume en frío durante seis o siete horas y deje que se sequen al aire dentro del ahumador sin encender las cajas de combustible durante al menos 12 horas, manteniendo la chimenea reguladora completamente abierta. Si no se ha aplicado humo, deje que las huevas se sequen al aire durante 24 horas como mínimo. Cuelgue las salchichas de huevas a temperatura fría durante otras 24 horas para que maduren y pierdan el resto de humedad.

Atún

Aunque ya se han dado las instrucciones precisas para preparar la caballa de aguas europeas, la popularidad del atún (pariente de la caballa) requiere algún comentario adicional. Entre los géneros más habituales están el atún listado, el atún de aleta azul, el albacora, el rabil y el atún wahoo, todos ellos pueden ser tratados de una misma forma. Para conseguir el mejor resultado hay que tratar el pescado con cuidado desde el momento de la captura hasta el de la entrega, teniendo en consideración todos los requisitos del proceso. Idealmente, deben ser desangrados, desollados y eviscerados inmediatamente después de la captura. Deben ser envasados en cajas sin recibir golpes aunque generalmente no se suele tener demasiado cuidado porque, normalmente, en el momento de la captura, el pescado no ha sido aún asignado a un uso o mercado concreto. Es más fácil almacenar un filete congelado que un pescado entero y, por consiguiente, así es como suele aparecer el pescado en los mercados. Para conseguir un ahumado con las mejores características de sabor debe separarse el músculo en forma de filetes laterales de la misma forma que en el caso del salmón. La salmuera también se realiza igual que para el salmón en una solución del 80% durante un periodo de tiempo corto o durante toda la noche en una solución del 60%. Deje que gotee y seque y ahume en frío durante 10 horas las piezas que pesen más de 1,5 kg. Si el pescado va a procesarse en forma de filetes, sumérjalos durante una hora en una salmuera del 75% y ahume en frío de cuatro a seis horas. Debe señalarse que, si es posible, hay que exigir que las condiciones de captura y manipulación sean las que Vd. desea. Esto puede resultar imposible debido a que la mayor parte del atún es importado, pero si Vd. explica sus necesidades al mayorista que le sirve, él puede intentar conseguir lo que Vd. desea.

Tiburón

Todo lo anterior se aplica también al tiburón. En la mayor parte de los casos los tiburones que se pescan por error junto a otras especies suelen recibir muy pocos cuidados. Algunas especies de menor tamaño se capturan en aguas europeas. En los mercados suelen encontrarse en forma de filetes que pueden ser puestos en salmuera igual que los de atún o bien salarse en seco. Seleccione filetes de cerca de 3 cm de grosor, con una superficie de 7,5 × 7,5 cm. Espolvoree sal de roca seca mezclada con un poco de azúcar morena sobre una bandeja, ponga los filetes sobre la mezcla de sal y azúcar y cúbralos con más mezcla de sal y azúcar. Déjelos durante una hora, seque al aire durante una o dos horas y ahume en frío durante cinco o seis horas hasta conseguir un color dorado. Los filetes necesitarán ahumado en caliente u otro tipo de cocinado para que queden lo suficientemente tiernos para el consumo.

Calamar y pulpo

Existen en aguas europeas una gran variedad de cefalópodos que suelen desaprovecharse como fuente de alimentación. Cuanto más fresco sea el cefalópodo más tierno estará, y su muerte, como la de todos los animales destinados al consumo, debe producirse con el mínimo estrés posible. Es imposible asegurar que no se produce estrés con el método de golpear fuertemente los pulpos recién pescados para que estén tiernos. En el calamar sólo se consume el cuerpo, que suele abrirse o cortarse en aros. En el pulpo sólo se utilizan los tentáculos y se desprecia el cuerpo, aunque la tinta es muy apreciada como delicatessen en algunos países. Tanto para el calamar como para el pulpo, utilice una salmuera del 80% y deje el calamar durante cinco o diez minutos (dependiendo del grosor de la carne), y el pulpo durante 10 ó 20 minutos en la misma salmuera. Ahume en frío durante seis horas, pincelando ligeramente con aceite vegetal de vez en cuando para evitar que se seque del todo la carne. Con cuatro horas es suficiente para los calamares muy pequeños.

Mariscos

El número creciente de granjas dedicadas a la producción de mariscos significa que cada vez se puede disponer de mejores proveedores y, por tanto, de formas alternativas de presentar este producto al consumidor. Hablado con propiedad, lo que denominamos marisco incluye el grupo de los moluscos, con mejillones, ostras, vieiras, almejas, berberechos y navajas, y el de los crustáceos, con cangrejos, langostas, langostinos, gambas y cangrejos de río. Los crustáceos tienen una carne muy delicada y deben ahumarse de forma que se evite que la carne se seque por completo o se ponga dura y correosa. Un cultivo de calidad garantiza que sólo se recogerá un producto que se haya desarrollado de manera correcta, pero es importante dedicar unas palabras a la precaución que debe observarse con los cangrejos de río grandes. Se recomienda el empleo de calor en determinadas fases del proceso porque ello implica una garantía de que se ha controlado la posible contaminación de las aguas en las que el cangrejo ha sido capturado. Cuando se necesita utilizar calor para sacrificar el marisco, o para que se abran las conchas, mantenga en el mínimo imprescindible la temperatura del agua caliente (o vapor procedente de agua caliente) para que se abran las conchas. Una vez abiertas, retírelo de la fuente de calor. Nunca utilice marisco con la concha abierta, porque puede indicar que los ejemplares están muertos. Las ostras se abren con un cuchillo corto de punta muy afilada que corta el músculo que une las dos valvas de la concha. A veces se tratan las vieiras de la misma manera, aunque éstas suelen abrirse con agua caliente o vapor, como ya se ha indicado.

Utilice una solución de salmuera del 40% y reduzca el tiempo hasta uno o cinco minutos para la vieiras grandes con apéndice rosado. Deje siempre que el producto gotee y seque antes de ahumar. Una pincelada rápida con aceite vegetal antes de situar el marisco en el ahumador garantizará el mínimo de endurecimiento de la carne. El tiempo en el ahumador en frío dependerá, como siempre, del grosor, y debe ser de tres horas para las gambas, ostras y vieiras pequeñas, y de cinco horas para las vieiras grandes. El color del marisco se intensifica considerablemente después de sacarlo del ahumador, de modo que no debe dejarse demasiado tiempo.

Es posible ahumar varias especies en una sola valva, pero se trata de un proceso difícil porque sólo al retirar la carne de la valva y limpiar la concha mediante hervido se puede garantizar la obtención de un producto final sanitariamente seguro. Sin embargo, proporciona un modo muy atractivo de envasado y deben estudiarse las posibilidades.

Carne

La carne ahumada no sólo tiene una amplia difusión en Gran Bretaña sino que cada día se hace más popular conforme crece el número de personas que regresa de sus viajes de vacaciones en el extranjero habiéndola probado. Como en el caso de toda materia prima cruda, la carne debe madurar lo suficiente como para permitir el proceso de ósmosis y debe estar libre de aditivos como las hormonas o los antibióticos. Debe ser colgada durante al menos durante siete días para que esté tierna. La carne ahumada no sólo se sirve como entrante sino que también puede constituir el plato principal de una comida, o proporcionar infinitos tipos de carne fría en lonchas. La carne retiene la humedad cuando se ahuma correctamente, y pueden crearse sabores muy diferentes mediante el uso adecuado de hierbas y especias mezcladas en un aliño básico. Son preferibles las piezas magras, como el redondo, la cadera, el pecho y el solomillo. Se pueden salar y ahumar piezas de cualquier peso, pero cuando se emplean piezas de gran tamaño es mejor utilizar una bomba de salmuera para asegurar que el centro de la pieza no se estropea antes de que la salmuera haya tenido tiempo de penetrar desde el exterior. También puede utilizarse la salazón seca con obtención de buenos resultados siempre que la temperatura se mantenga en el ámbito de los 3-4ºC. Cuando sea posible, deje pasar uno o dos días después del curado o aliñado antes de iniciar el ahumado ya que esto permite el asentamiento del aliño y hace que la carne esté más receptiva para el absorber el humo. Las opciones explicadas para el ahumado de venado se aplican igualmente a otros tipos de carnes y siempre debe tenerse en consideración que los clientes pueden preferir cocinar la pieza después del ahumado y antes de ser servida para el consumo para obtener el máximo de textura y sabor. Algunas veces, los clientes prefieren utilizar las carnes ahumadas como base para ensaladas u otras recetas frías.

Aliñado dulce básico

18 litros de agua
1,2 kg de sal
225 g de azúcar
1 cucharadita de sal nitro
60 g de salsa aliñada o saborizante a su gusto.

El tiempo necesario para el aliñado o curado será de un día y medio por cada 500 g de peso. Si las piezas de carnes son alargadas, como los filetes o las tiras de la cadera, debe reducirse el tiempo a la mitad. Saque la carne del aliñado, aclárela y cuélguela para que se seque durante toda la noche en un lugar aireado o en la estancia refrigerada, siempre a 3ºC. Si es posible, permita que cuelgue durante dos o tres días antes de ahumar en frío, ya que esto permite que el aliñado se uniformice y haya menos posibilidades de que corresponda un exceso de sal concentrada en una zona. Mantenga la carne durante un día en el ahumador si se trata de piezas finas y largas; dos días si son piezas de hasta 1,5 kg y tres días si son piezas de más de 5 kg.

Ahume en frío durante el periodo adecuado para obtener un buen sabor en toda la pieza. Si aparece cualquier signo de sequedad excesiva, pincele la carne muy ligeramente con aceite vegetal. Saque la carne del ahumador y deje que madure durante un mínimo de dos días. Si el tiempo lo permite, aumente este periodo hasta una semana. La producción de carne ahumada con una textura de tipo jamón de Parma requiere colgar la pieza durante un periodo que va desde los nueve meses hasta el año, pero no hay muchos productores que puedan permitirse la financiación de este gasto.

Le sugiero que guarde siempre una pieza de cada lote y que la conserve durante unos cuatro meses; en este momento tendrá el máximo de sabor y textura y hará las delicias de al menos uno de sus clientes. Antes del almacenado final para la maduración, envuelva la carne en muselina y consiga una temperatura de 3ºC en la zona de almacén. Esto inhibe cualquier tipo de actividad bacteriana. Las piezas de carne deben estar envueltas en muselina, atadas firmemente con cordel y colgadas fuera de la luz directa del sol en una corriente de aire frío.

Si se va a cocinar la carne después del ahumado en frío, ya sea en el propio ahumador en caliente o por otros medios, entonces todo el proceso es más rápido. Utilice una solución de salmuera del 40% y añada dos cucharadas de azúcar morena. Deje en ella las piezas de 4,5 kg durante 24 horas e incremente el tiempo de forma proporcional al peso, de manera que una pieza de 6,75 kg necesitará 36 horas. Mantenga la pieza en salmuera en un ambiente enfriado. Sáquela y deje que gotee y seque. Puede ser útil ahumar en frío y frotar un aliño por la superficie exterior de la pieza de carne antes de ahumar en caliente. La siguiente mezcla de especias es un condimento útil que debe guardarse en un frasco hermético después de haberse preparado para facilitar su uso.

Condimento para carne

1,35 kg de sal
8 cucharaditas de azúcar blanca o morena
2 cucharaditas de sal de cebolla
4 cucharaditas de sal de apio
2 cucharaditas de sal de ajo
4 cucharaditas de pimienta paprika
8 cucharaditas de pimienta blanca
4 cucharaditas de eneldo machacado (si a Vd. le agrada su sabor).

Frote este condimento una vez que la carne haya terminando de ahumarse en frío. Si le resulta difícil conseguir que el condimento se mantenga sobre la pieza, puede añadir un poco de aceite a la mezcla. Una vez que se ha añadido el condimento, si va a cocinar el producto mediante ahumado en caliente, vuelva a poner la carne en el ahumador y eleve lentamente la temperatura hasta 82ºC. Déjelo durante 20 minutos por cada 500 g para conseguir una carne poco hecha, 25 minutos para carne al punto y 30 minutos para carne muy hecha.

Es muy útil insertar un termómetro o sonda térmica para carne porque proporciona una lectura exacta de la temperatura interior de la pieza y evita la posibilidad de no alcanzar o sobrepasar la temperatura adecuada. Se considera que la carne está hecha cuando se alcanza la temperatura adecuada en el interior, es decir, 60ºC para la carne poco hecha, 72ºC para la carne al punto y 76ºC para la carne muy hecha. Si la carne se prepara para una posterior reventa se recomienda alcanzar los 83ºC.

Una sonda o termómetro para carne con lectura digital

Bistecs y hamburguesas

Un bistec ahumado es un plato suculento que puede prepararse mediante ahumado en frío durante un corto periodo de tiempo y posterior cocinado mediante ahumado en caliente, parrilla o barbacoa. Utilice las piezas más tiernas y sin grasa para obtener los mejores resultados. Para empezar, aplique una cierta cantidad de condimento básico o una simple mezcla de sal y azúcar sobre los dos lados de la carne con un martillo de madera. Deje reposar durante 15 minutos. Pincele bien con aceite vegetal y ahume en frío durante 30 minutos. Si se va a cocinar ahumando en caliente, saque la carne después de ahumar en frío y eleve la temperatura a 98°C, vuelva a colocar la carne en el ahumador con las dos cajas de serrín encendidas y déjela hasta que esté en el punto que Vd. desee.

Las hamburguesas de carne picada de vacuno pueden frotarse con el condimento básico mezclado con un poco de aceite y colocarse sobre una bandeja poco profunda para su ahumado en frío durante tres horas. Remueva la mezcla cada 30 minutos. Esto da a la carne un suave sabor ahumado, esta carne también puede ser utilizada para hacer salsas o añadir a patés o salchichas.

Jamón de vacuno

Es una receta tradicional de Escocia.

10 kg de pierna (cadera)
1 kg de sal
250 g de azúcar gruesa
150 g de sal nitro
15 g de clavo
15 g de pimienta inglesa
30 g de pimienta negra.

Mezcle todos los ingredientes concienzudamente. Frote la mezcla sobre la superficie de la pieza y deje tanta cantidad como sea posible en la zona del hueso. (Una variedad moderna puede ser el empleo de la bomba de salmuera a lo largo del hueso o emplear una pieza de carne sin hueso).

Deje reposar la carne durante dos o tres días. Añada 500 g de sal, frótela bien y de la vuelta a la pieza cada dos días. Estará lista en tres semanas.

Lave y escurra el jamón y deje que cuelgue, o ahume en frío durante uno o dos días. Deje que el jamón se seque al aire envuelto en muselina y colgado en una estancia oscura, fría y seca. Utilícelo como si fuera beicon para freír, para hornear o cocer, como Vd. prefiera. Las lonchas de esta carne suelen utilizarse para envolver el picadillo de la especialidad denominada «beef olive». Si está demasiado salado, sumerja el jamón en agua fría.

Cordero

El cordero se cura con facilidad, pero las piezas, una vez ahumadas, tienden a tener un sabor muy fuerte y a secarse si no se congelan o se consumen muy pronto.

Aliñado de cerveza para piezas de cordero

2,25 litros de agua
500 g de sal marina
240 g de sal de roca
1 cucharadita rasa de sal nitro
240 g de azúcar morena oscura
1 cucharadita de pimienta negra recién molida
1 cucharadita de pimienta inglesa recién molida.

Lleve a punto de ebullición todos los ingredientes en una olla grande y deje que se enfríen durante la noche. Filtre con cuidado. Frote el cordero con 55 g de azúcar morena oscura mezclada con 28 g de salitre. Déjelo reposar durante la noche. Al día siguiente vuelva a frotar el cordero con la mezcla filtrada. Colóquelo en una fuente honda y vierta el aliño por encima. Déjelo que se cure durante tres semanas, pero dé la vuelta al cordero y frote bien el aliño, especialmente cerca del hueso. Manténgalo en un temperatura de 3°C. Después, el cordero debe ahumarse en frío durante 24-36 horas o hasta que se obtenga el grado de ahumado deseado. Deje que madure durante una semana antes de rebanarlo. También se puede hornear lentamente la carne en el horno a 148°C durante 25 minutos por kg y servirse frío. Si Vd. tiene acceso, los cocederos industriales de jamones son muy adecuados para estas piezas. También puede usarse la receta de la salazón seca de vacuno para el cordero.

Cuando no se necesita que la carne esté curada, se coloca la pieza en una solución de salmuera del 50% en la que se hayan añadido dos cucharadas de azúcar. Se deja reposar durante la noche. Después de que gotee y seque, se ahuma la pieza en frío durante 24 horas y se asa o cuece en la forma habitual sin ahumar en caliente. Ésta es una buena receta para piezas de gran calidad pero también puede utilizarse para carnes de segunda.

Cerdo y jabalí

Puesto que el jamón y el beicon se preparan a partir del cerdo, este animal suele estar más asociado con el proceso de ahumado que otras especies. Es una carne magra y se cura fácilmente. Existen infinitas maneras de producir cerdo ahumado, además del jamón y el beicon. La diferencia entre ellas es que el cerdo ahumado no necesita ser curado, pero el jamón y el beicon requieren largos periodos de tiempo en salmuera para curarse.

La cura básica para el beicon y el jamón es una solución de salmuera del 40% con 28 g de sal nitro y dos cucharadas de azúcar morena suave. Déjelo reposar dos semanas si se trata de piernas enteras y 10 días si son piezas más pequeñas. Deje que seque y gotee y que madure durante una semana. Ahume durante dos o tres días dependiendo de su propio gusto con respecto al sabor.

Cerdo ahumado

Actualmente, la mayor parte de los filetes de cerdo suelen ser bastante pequeños y producen un filete de cerdo ahumado muy apreciado por los continentales, se emplea el centro del lomo deshuesado y se retira la carne sobrante para obtener una pieza de carne redonda, uniforme y limpia. Su diámetro varía entre los 5 y los 10 cm y para nuestros fines es preferible el mayor. Los tiempos de salmuera son de un día por cada 5 cm de diámetro más medio día extra. Como la pieza es redonda, la salmuera penetra de forma uniforme y por eso es suficiente con un día más el medio día extra. En algunos tipos de cerdo la sal penetrará más rápidamente que en otros, por tanto, si la carne queda demasiado salada, remójela en agua hasta que pierda el exceso de sal.

Curado para el cerdo ahumado

Solución salina del 40%
28 g de sal nitro por cada 4,5 litros de agua
55 g de azúcar (de cualquier tipo).

Al finalizar el periodo de salmuera permita que la pieza gotee, seque y madure durante un día antes de ahumar en frío. Será suficiente con 18-24 horas. Para evitar que la superficie exterior de la carne quede demasiado dura, frótela cuidadosamente con aceite vegetal. Cuanto más largo sea el tiempo de maduración después del ahumado, mejor, y si después de una semana se le vuelve a dar otro ahumado en frío se intensificará el sabor.

Jamón de Wiltshire

Emplee una pieza de 5 kg de carne tierna de cerdo deshuesada. Prepare una solución de salmuera del 80% y añada una cucharada de sal nitro. Lleve a punto de ebullición y asegúrese de que se ha disuelto toda la sal y de que la solución está limpia. Quite la espuma de la salmuera y deje enfriar. Ponga el jamón en un contenedor adecuado y cúbralo con la salmuera. Déjelo reposar durante una o dos horas. Aclare. Prepare otra solución con los siguientes ingredientes:

680 g de sal gruesa
14 g de sal nitro
1 litro de cerveza
225 g de melaza
12 bayas de enebro
14 g granos de pimienta machacados.

Vierta la solución sobre el cerdo. Cúbralo y déjelo reposar durante dos días por cada 500 g de peso en una temperatura de 3ºC. Dé la vuelta al cerdo cada dos días. Saque el cerdo de la solución de cerveza. Aclárelo, séquelo y déjelo colgado durante 24 horas más. Ahume en frío durante 24 horas. Envuélvalo en muselina y almacénelo en un lugar frío y seco lejos de la luz del sol durante un mínimo de cuatro o cinco días. Cuanto más largo sea el periodo de maduración, mejor.

Beicon canadiense

Se prepara tradicionalmente con la parte deshuesada de la chuleta del cerdo. Se cura el beicon mediante salmuera o salazón de la misma forma que el jamón. El beicon, que suele ser una pieza más delgada que el jamón, requiere menos tiempo de cura, aproximadamente un día por cada 500 g de peso. La cura en seco debe realizarse con una cantidad de sal igual a la mitad del peso del cerdo mezclada con 25 g de azúcar y una cucharadita de sal nitro por cada 500 g de peso. Hay que restregar el cerdo con la mitad de la mezcla de sal y utilizar la otra mitad tres días más tarde. También puede utilizarse una cura de salmuera dulce con una solución del 40% con 225 g de miel o melaza y una cucharadita de sal nitro por cada 4,5 litros de agua. Hay que remover la salmuera y dar la vuelta al cerdo cada dos días. Al finalizar el tiempo de salmuera se saca el cerdo de la solución o de la sal, se lava y se deja que seque a conciencia antes de ahumar en frío. Con 36 horas de ahumado en frío se conseguirá un sabor suave a ahumado, pero si se desea un sabor más intenso, deje que la carne se ahume durante 24 horas más.

Costillas sobrantes

Las costillas de cerdo sobrantes constituyen una sabrosa tapa y son fáciles de ahumar. Póngalas en una salmuera del 60% durante 20 minutos o frote una mezcla mitad sal y mitad azúcar sobre los huesos. Ahume en frío las costillas hasta que los huesos adquieran un color pajizo y luego ahúmelas en caliente o retírelas del ahumador y áselas en la parrilla. Si Vd. tiene una excesiva cantidad de costillas sobrantes, puede ahumarlas primero y luego congelarlas.

Se puede ahumar el cerdo sin convertirlo en jamón ni en beicon empleando una solución de salmuera del 60% durante la noche, o una solución del 80% durante dos o tres horas dependiendo del grosor de la pieza, o mediante cura en seco frotando la pieza con una mezcla mitad sal y mitad azúcar que debe reposar durante 30 minutos. Las chuletas de cerdo también pueden prepararse de este modo, así como otras piezas del cerdo. Después de la salazón, las piezas se ahuman en frío y luego se cocinan por ahumado en caliente o se asan en un horno convencional.

Se puede preparar el cerdo para hacer patés con el método anterior, añadiendo el resto de los ingredientes del paté.

Venado

En lo que respecta al ahumado de venado, es aconsejable hacer investigaciones sobre la materia prima para estar seguros de que es apta para ahumar. Cuando se trata de animales salvajes no hay problema con la calidad de la carne porque éstos sólo se alimentan cuando hay comida disponible y sólo en la medida dictada por sus necesidades energéticas. Emplee sólo animales jóvenes y evite los ciervos cuando se acerque la época de celo. Las piernas y el resto de las piezas de las especies más pequeñas, como el gamo o el corzo, son más ligeras y posiblemente se adecúen mejor a las posibilidades presupuestarias de sus clientes. Los animales de granja presentarán rastros del alimento que hayan consumido y su calidad será mayor cuanto más natural haya sido la dieta utilizada, que debe estar constituida no sólo por hierba sino también por otros materiales que puedan pacer o ramonear libremente. Disponer de un bosquecillo con pequeños árboles de fruto duro (nogales, castaños, etc.) sería ideal. Los animales de granja deben ayunar antes del sacrificio para que no queden restos de alimento en los intestinos. Es aconsejable sacrificar el animal con el mínimo estrés posible porque en caso contrario puede liberarse una excesiva cantidad de adrenalina en el sistema, lo cual afectaría a la textura de la carne.

Existen varias opiniones diferentes en lo relativo a desollar el animal mientras está aún caliente para conseguir un buen color, considero que hay que quitar la piel inmediatamente después del sacrificio. Sin embargo, si se desea utilizar una estancia fría para colgar la carne, puede ser necesario emplear un humidificador para evitar que la carne se seque demasiado. Algunas personas prefieren mantener la piel y colgar el animal en un lugar frío. Idealmente, una despensa para caza que pueda mantenerse alrededor de los 3ºC garantiza las mejores condiciones para este proceso.

Cuando se ahuma venado hay dos opciones. Se puede curar con el fin de producir un jamón de alta calidad de tipo Parma o se puede poner en salmuera y ahumar para conseguir un producto ahumado en frío listo para cocinar o un producto cocinado por posterior ahumado en caliente. Las dos posibilidades son aceptables y se puede probar con una mezcla de ambas para tomar las decisiones después de haber experimentado las posibilidades. Obviamente, las piezas más pequeñas deben ser utilizadas para pasteles, guisos o patés, salchichas u otros platos preparados. En cualquier caso, es esencial tener mucho cuidado en conservar la higiene en todas las fases del proceso. No emplee la misma mesa para eviscerar y cortar las piezas.

Para ahumar el venado se necesita un balde lo suficientemente grande como para mantener la pieza sumergida y una estancia fría o enfriada en la que mantener el balde a unos 3ºC. Al cortar las piezas intente penetrar lo mínimo posible en los músculos porque en caso contrario se derramarán los jugos de la carne. Trate de cortar por las separaciones naturales entre los paquetes musculares. Una guía aproximada de los periodos de tiempo que debe permanecer el venado en la cura puede ser de un día y medio por cada 500 g de peso si la pieza tiene hueso; un día si no lo tiene. Cuando se cura una pieza con hueso se presenta una ocasión ideal para utilizar la bomba de salmuera. Si no se dispone de bomba de salmuera, coja un cuchillo afilado y haga un corte a lo largo del hueso, separando un poco la carne. Meta sal en este hueco. La cantidad de sal necesaria es de una cucharadita grande. La sal evitará que se produzca deterioro de la médula ósea. También se puede deshuesar la pieza sin cortar la carne a base de ir soltando el hueso poco a poco hasta extraerlo por completo. Utilice un cuchillo de punta muy afilada y presione lo menos posible sobre la carne.

El aliñado o curado básico recomendado se detalla a continuación pero mediante la adición de vino, hierbas o especias podrá Vd. crear un producto exclusivo. En todo caso, recuerde tomar notas que le permitan reproducir posteriormente su receta más lograda.

Aliñado o curado básico para venado

Solución de salmuera del 40%
55 g de azúcar morena
1 cucharadita de sal nitro.

Cuando finalice el periodo de salmuera, saque la carne y permita que gotee y seque. Frote suavemente con un aceite vegetal de buena calidad y ahume en frío durante 24-28 horas, dependiendo de su preferencia personal por un sabor ahumado suave o fuerte. Envuelva la carne en papel de aluminio y manténgala en lugar frío durante 24 horas. Para la maduración, envuelva la carne en muselina y cuélguela en un lugar frío y aireado lejos de la luz directa del sol durante una semana. Si se trata de un lugar refrigerado, evite que la carne se seque demasiado. Cuanto mayor sea el tiempo que el venado pasa antes de ser consumido, mejores serán su sabor y su textura.

También se puede utilizar una solución de salmuera del 60% y mantener el venado en ella durante 24 horas. Luego sáquelo y deje que gotee y seque. Frote suavemente con aceite y ahume durante 36 horas. Cocine la carne bien en el ahumador o en un cocedero de jamones con lo que se conseguirá una menor pérdida de peso. Las piezas ahumadas en frío pueden venderse al consumidor para su posterior cocinado.

Cabra

Todas las recetas para carne de vacuno, cordero y venado son también aplicables a la cabra. Utilice animales de 12-14 meses y cuélguelos durante un mínimo de 10 días.

Conejo y liebre

Mucha gente puede sorprenderse encontrar a estos dos animales bajo un mismo encabezamiento pero, desde el punto de vista del ahumado, presentan más semejanzas que diferencias. La preparación del conejo es muy sencilla, hay que eviscerar y lavar bien el animal. Muchos tenderos recomiendan colgar las liebres durante al menos una semana pero, en mi opinión, este periodo es demasiado largo si a continuación se desea ahumar el animal. Escoja animales frescos y gordos y trocéelos o déjelos enteros para ahumar. Ambos animales son muy magros y, después de la salmuera, deben pincelarse con aceite vegetal antes de ahumarse en frío. Se puede repetir este tratamiento si le parece que la carne se está secando demasiado. Utilice una solución de salmuera del 50% y deje el conejo o la liebre en inmersión durante 12 horas. La siguiente receta basta para uno o dos animales y proporciona un buen sabor:

1 litro de agua
170 g de sal
30 g de azúcar terciada
5 bayas de enebro
3 hojas de laurel
Una pizca de romero
Una pizca de estragón
Una pizca de orégano
Una cucharadita de sal nitro.

Lave a conciencia el conejo o la liebre en agua fría y salada para retirar todos los restos de sangre antes de ponerlos en salmuera. Escurra, seque y pincele con aceite la superficie (el aceite puede mezclarse con las hierbas arriba citadas). Ahume en frío durante 12 horas y eleve la temperatura hasta ahumar en caliente o retire y cocine la carne por los medios habituales. Si cocina por ahumado en caliente ponga el termostato a 100ºC y use la posición de «calor bajo» de su ahumador en el caso de que éste disponga de dos posiciones, para proporcionar un calor uniforme sin que la carne se seque. También se puede cocinar por medio de un cocedero a presión, un cocedero de jamones o, si asa la carne en el horno con manzanas, éstas mantendrán la humedad de la carne.

Lengua

Debe emplearse lengua fresca de buey u oveja y preparar una salmuera en un contenedor. Pinche toda la lengua con un espetón fino para asegurar una buena penetración de la salmuera. La lengua de buey se cura durante dos semanas en una solución débil de salmuera de sólo el 20% para evitar que el producto final quede demasiado salado. La lengua de oveja debe tratarse de forma similar durante una semana. Debe mantenerse la temperatura habitual de 3ºC durante todo el periodo de salmuera. Añada azúcar y sal nitro a la salmuera y especias en las cantidades normales si se desea obtener una lengua condimentada.

Ahume en frío durante uno o dos días manteniendo la humedad exterior con aceite vegetal. La lengua suele hervirse pero también puede pelarse y asarse en el horno hasta que esté tierna. Si va a hervir la lengua, pélela mientras está caliente y apriétela hasta que tenga una forma redondeada en un recipiente redondo cubierto con un plato o en un molde.

Aves de corral

Las aves no suelen ahumarse pero si se dispone de materia prima adecuada el ahumado es muy satisfactorio. Es mucho lo que se ha dicho y escrito acerca de la salmonela pero si se mantiene una higiene básica y se dedica una zona especial para la preparación de las aves, la posibilidades de contaminación son pequeñas. Se usa la sal y las aves siempre se ahuman en caliente o se cocinan de forma que se pueda garantizar que se alcanza una temperatura de seguridad en el centro de la canal del ave de 115ºC. Las aves ahumadas no tienden a secarse tanto como si no estuvieran ahumadas y, por tanto, son adecuadas para comidas rápidas o «picnics». La siguiente receta, a pesar de ser un poco pedante y adecuada para un solo ejemplar, constituye un buen ejercicio de entrenamiento. Una vez que se adquiere experiencia se sabe lo que se está haciendo.

1,5 kg de pollo
1,5 litros de agua
250 g de sal
140 g de azúcar morena suave
½ cucharadita de sal nitro
Opcional: hierbas o especias.

Para preparar el pollo para la salmuera, inspeccione el interior del ave y asegúrese de que está completamente limpio. La evisceración mecánica tiende a dejar en el interior de la canal algunos órganos, especialmente la vejiga y el riñón. Como ambos órganos contienen ácido pueden generar un sabor desagradable en la carne si no se retiran antes de la salmuera. La sal rompe la membrana de los órganos y libera el ácido que contamina la carne. Quite las patas y, si tiene paciencia, también los tendones. No es posible hacer esto cuando se trata de una gran cantidad de aves, pero facilita la penetración de la salmuera. Pinche todo el pollo con una aguja o un espetón fino para facilitar la penetración de la salmuera.

Ponga agua en una cazuela y llévela a punto de ebullición. Añada la sal y el resto de los ingredientes y deje que la sal se disuelva. Retire del fuego y deje enfriar. Ponga el pollo dentro y guárdelo en la nevera o lugar fresco a 3ºC durante 24 horas. Saque el pollo de la salmuera y deje que gotee y se seque. Si los pollos se van a colgar en el ahumador, átelos con bramante por debajo de las alas y alrededor de las patas para que soporten bien el peso cuando estén colgados. También se pueden poner las aves sobre bandejas pero asegúrese de que no se tocan entre sí o quedará una mancha pálida en la piel de la canal. Ahume en frío durante 12 horas. El ahumado en caliente confiere un color más oscuro y apetitoso al exterior pero como este proceso suele implicar una pérdida de peso del 20%, lo normal es cocinarlos en un cocedero de jamones o de otro tipo. Para ahumar en caliente aumente la temperatura lentamente y manténgala a 170ºC hasta que estén hechos.

Cuando el tiempo no permite que estén en salmuera durante toda la noche, utilice una salmuera del 80% con azúcar añadida y sumerja el ave durante dos horas si se trata de un pollo de 1,5 kg. Los muslos, contramuslos, y pechugas, deben ser tratadas de la misma manera, pero sólo durante media hora. También se puede usar una salmuera del 40% para las piezas mencionadas, dejándolas toda la noche. Por seguridad, añada algo de azúcar y sal nitro en las proporciones habituales (1 cucharadita de sal nitro y 30 g de azúcar cada 4,5 litros de agua). Las porciones necesitan un ahumado en frío de 8 horas. Si los pollos ahumados son para vender al cliente y que éste los cocine antes de consumirlos, debe aparecer una etiqueta advirtiendo la necesidad del previo cocinado.

Ave de Guinea

El ave de Guinea debe ser tratado como un pollo normal aunque la carne tiende a ser más seca. Si emplea una salmuera del 40%, déjelo sumergido durante 12 horas y ahume en frío durante la noche. Eleve la temperatura igual que para el pollo y manténgala hasta que la carne esté tierna. Pueden utilizarse para éstas, el resto de los métodos que se apliquen a las aves de corral o de caza.

Pato

El peso de la canal más adecuado para un pato destinado a ser ahumado nunca es inferior a los 2 kg, incluyendo los menudillos. Un pato de este tamaño tiene un buen índice de carne/grasa. Si sólo se va a ahumar la pechuga es más económico obtener ejemplares de especies con pechuga grande, como la variedad francesa, porque son más fornidos y tienen por resultado un producto final de considerables proporciones que puede ser fácilmente despiezado.

Escoja aves que hayan sido alimentadas de forma natural y deje que cuelguen durante 24 horas hasta que se haya superado el rigor mortis. Prepare el pato igual que el pollo, asegurándose de que no quedan órganos en el interior. Pinche todo el pato con un espetón, especialmente en la zona de la pechuga. Los patos tienen un alto contenido en grasa y absorben la sal fundamentalmente a través de la cavidad corporal, porque la piel es impermeable, por lo tanto, es necesario asegurarse de que la cavidad está llena de salmuera y completamente sumergida. Como con otras aves, el tratamiento depende de los requisitos deseados en el producto final. El pato puede ahumarse en frío entero para presentarlo como pato ahumado y asado para servir caliente, o como pechuga de pato ahumada y cocinada como entrante, o como pechuga de pato curada también como entrante o como ingrediente para canapés.

Para el pato entero utilice una salmuera del 80% durante dos o tres horas o una solución de salmuera del 40% durante toda la noche o durante al menos 12 horas. La salmuera más débil garantiza una distribución más uniforme de la sal sin que el producto final quede demasiado salado. Ambos tipos de salmuera pueden llevar azúcar añadida (1 cucharadita por cada 4,5 litros) para evitar que la carne se endurezca.

Después de la salmuera, deje que el pato gotee y seque asegurándose de que no quedan restos de solución de salmuera dentro de la cavidad. Ahume en frío durante 18-24 horas para obtener un sabor intenso o durante 12-18 horas para conseguir un sabor más suave. Debido al alto contenido en grasa, resulta más fácil cocinar el pato ahumado metido en una bolsa en un cocedero de jamones para evitar que se llene de grasa el ahumador, sin embargo, si se ahuma en caliente durante un corto periodo de tiempo se conseguirá un atractivo color en la piel sin ensuciar la máquina. El cocedero de jamones garantiza una menor pérdida de peso, lo cual es un dato importante a tener en cuenta.

El pato entero puede salarse en seco. Para ello se pesa el pato y se prepara una mezcla de la mitad de peso compuesta por partes iguales de azúcar y sal. Se puede utilizar cualquier tipo de sal, de acuerdo con sus preferencias. Ponga la sal y el azúcar en un recipiente y añada dos cucharadas de jerez. Mézclelo todo. Frote el interior del pato con ajo y llene generosamente la cavidad del pato con parte de la mezcla, emplee el resto para la superficie exterior del ave. Déjelo reposar durante una hora y déle la vuelta poniendo la mezcla de sal y azúcar en la parte inferior del pato. Déjelo reposar durante otros 45 minutos. Limpie la mezcla sobrante con un trapo y desmenuce la mezcla del interior cuando haya terminado de frotarla al máximo posible. Déjelo durante dos horas y ahume en frío como en el caso anterior. Termine el proceso mediante ahumado en caliente o mediante cualquier otro método de cocinado.

La pechuga de pato es un entrante suculento que admite cocinado o, si está curada, puede servirse sin cocinar. Lo más usual es lo primero, pero el producto curado tiene un sabor excelente con una textura muy delicada.

Utilice bien una solución de salmuera del 80% durante dos horas, o bien una solución de salmuera del 40% durante toda la noche. Se debe probar con otros aditivos, como azúcar, vino tinto, especias o hierbas porque se consiguen resultados muy interesantes. También puede emplearse la salazón en seco en una proporción de un tercio del peso del ave en sal. Deje que gotee y seque o retire el exceso de sal seca con un trapo y ahume en frío durante 12-14 horas. Cocine el pato en un horno a 144ºC o ahume en caliente durante el menor tiempo posible para que la carne quede tierna, porque en caso contrario la carne de la pechuga puede secarse demasiado.

Para curar la pechuga de pato emplee cualquiera de los métodos sugeridos anteriormente pero añada una cucharadita de nitrato de potasio por cada 4,5 litros de agua como agente curativo. Deje la carne dos días en aliño y si queda demasiado salada después de ese periodo, remójela en agua fría durante una hora. Deje que se asiente durante 24 horas antes de ahumar en frío. Ahume durante 24 horas y deje otras 24 de asentamiento antes de ahumar en frío de nuevo. Ahume en frío durante otras 24 horas y deje otras 24 horas más de descanso. Si el sabor a ahumado no es lo suficientemente intenso, ahume durante otras 12 horas. Una vez ahumada, la pechuga debe colgarse en una temperatura de 3°C durante al menos dos semanas para madurar. A partir de ese momento se puede cortar en rebanadas muy finas y servir. Se puede utilizar pato salvaje para cualquiera de las anteriores recetas.

Ganso

Las instrucciones relativas al pato también dan resultados muy satisfactorios con el ganso. Sin embargo, al tener un peso mucho mayor, el tiempo de salmuera debe incrementarse a 24 horas para una solución del 40% y si es necesario curarlo, déjelo cuatro días.

Pavo

Es posible encontrar pavos de pequeño tamaño hasta pavos muy grandes que superan los 12 kg de peso. La diferencia de peso es demasiado grande como para poder tratarlos en un solo grupo. Hasta los 5 kg de peso, pueden seguirse las instrucciones del pollo sin demasiados riesgos; igual se ahumarán las piezas.

Para ahumar pavos grandes enteros es preferible utilizar la sal en una combinación de salmuera, inyección y solución, porque en caso contrario el periodo de tiempo necesario para la penetración uniforme de la sal es demasiado largo y el producto final quedaría demasiado salado. A no ser que sea necesario presentar el pavo entero, se evitan muchos problemas procesando los muslos y las otras partes por separado.

Hay dos fórmulas posibles, una solución de salmuera del 80% durante un periodo de cuatro a seis horas dependiendo del tamaño o una salmuera del 40% durante dos días. Cuando se emplea la solución del 80%, inyecte una solución del 40% en tres puntos de cada lado de la pechuga y en dos de cada muslo. Después de sacarlo de la salmuera, déjelo reposar durante al menos 12 horas para que se uniformice la sal en la canal. Cuando se emplea una salmuera del 40% también se recomienda inyectar el ave con salmuera. Sin embargo, no es necesario dejar un tiempo de reposo porque los dos días en salmuera ya son suficientes para la correcta distribución de la sal. Para evitar que la carne se endurezca, añada una cucharadita de sal nitro y una cucharada de azúcar por cada 4,5 litros de agua. Después de la salmuera, deje que se seque al aire durante un periodo de tiempo adecuado antes de ahumar en frío porque se puede retener líquido en la cavidad y transferirse al ahumador, incrementándose así el tiempo de ahumado. Las aves grandes enteras pueden necesitar hasta 48 horas para que el humo penetre a través del grosor de la carne y por este motivo se debe tener mucho cuidado con la salmuera. Las aves de tamaño mediano sólo necesitarán entre 24 y 36 horas mientras que los muslos y las pechugas por separado estarán listos en 24 horas. Como es habitual en el resto de las carnes, hay que hacer la consabida elección entre ahumar en caliente o cocinar el producto ahumado en frío, pero en este caso suele ser siempre una buena idea ahumar en caliente durante al menos 30 minutos ya que se consigue muy buen color en el producto final.

Se puede salar en seco las patas y otras partes de las aves, pero no canales enteras de peso superior a 5 kg. Pese la carne a salar y prepare una mezcla de la mitad de ese peso a partes iguales de azúcar y sal. Añada dos cucharaditas de sal nitro y mézclelo a conciencia con la sal y el azúcar. Extienda la mezcla sobre el fondo de un contenedor, coloque las porciones de pavo sobre este lecho y frote la mezcla a conciencia por todas la superficies de la carne antes de cubrir las porciones con el resto de la mezcla. Déjelo reposar durante 12 horas. Ponga la carne en remojo en agua fría durante 30 minutos y aplique los tiempos de ahumado en frío del párrafo anterior. Para cocinar el pavo en un horno convencional, utilice las siguientes directrices:

Peso	***Temperatura***	***Minutos por cada 500 g***
Hasta 4,5 kg	150ºC	25
4,5 - 7,5 kg	150ºC	20
7,25 kg o más	150ºC	18

Un método alternativo a salar en seco el pavo, muy útil cuando no se dispone de tiempo suficiente para el proceso habitual de salmuera, es calentar una cantidad de sal equivalente a la mitad del peso del pavo. Escalde el pavo en una cacerola de agua hirviendo durante sólo dos minutos. Sacuda cualquier exceso de agua que pueda quedar y ponga el pavo sobre una superficie plana. Tenga cuidado de no rasgar la piel, frote muy suavemente la sal caliente sobre la carne y frote también toda la cantidad que sea capaz de absorber en el interior de la cavidad del ave. Continúe frotando hasta que el ave se enfríe. Prepare una solución de salmuera del 40% e inyéctela una vez en cada lado de la pechuga y dos veces en cada muslo. Déjelo en reposo durante dos horas. Ahume en frío con los tiempos recomendados anteriormente.

Perdiz y faisán

Hubo un tiempo en el que el mero pensamiento de ahumar una perdiz o un faisán constituía un puro sacrilegio, pero actualmente, debido a que la caza es más fácil y se cobra un mayor número de piezas, el ahumado es un método que merece la pena como forma de añadir valor y sabor al producto. Las primeras aves de la temporada tienen un mercado inmediato, pero las piezas que se cobran más adelante tienen una demanda menor y constituyen una materia prima ideal para el ahumado. Si se trata de aves salvajes no existe el problema pero, a veces, los ejemplares en sistemas de cría intensiva no tienen tiempo de acostumbrarse al medio natural y llevarán restos de sustancias pertenecientes a su dieta que limitarán la toma de sal. Es recomendable ahumar un ejemplar como experimento antes de trabajar con un lote entero. Las aves siempre deben haber cumplido el rigor mortis y deben ser cuidadosamente inspeccionadas para eliminar los órganos internos y los perdigones de plomo.

La salmuera de estas aves puede consistir simplemente en sal y agua o incluir además vino de oporto, vino tinto, cerveza, sidra u otra combinación. Esta salmuera básica ha de ser del 40% durante toda la noche o del 75% durante una hora. También puede añadirse azúcar en la forma habitual.

Se puede usar cualquiera de las salmueras para aves de corral, incluyendo las salazones secas. Los experimentos con especias o hierbas suelen dar buenos productos finales. Después de salar y secar las aves hay que ahumar en frío durante la noche o durante 12 horas. Frote ligeramente con aceite vegetal antes de ahumar en caliente y eleve lentamente la temperatura para evitar que se endurezca la superficie exterior. Continúe con el ahumado en caliente hasta alcanzar una temperatura interna de 71ºC. Alternativamente, se pueden utilizar los métodos habituales de cocinado o vender el producto como ahumado que deberá ser cocinado antes del consumo. En este caso se informará de ello en una etiqueta.

Algunas piezas reciben un mal tiro y aparecen dañadas. La parte del ave que sigue en buen estado puede salarse y ahumarse para su incorporación en platos preparados o para la producción de patés, pasteles o salchichas.

Codorniz

La codorniz es un ave de carne muy compacta pero a pesar de ello requiere un largo tiempo de salmuera y ahumado. Hay que tener cuidado para no secar demasiado la carne ya que la textura es una de las mejores características de este tipo de carne. Utilice una solución de salmuera del 40% durante la noche o una del 80% durante una hora. Aclare y seque al aire asegurándose de que no quedan restos de líquido en la cavidad. Ahume en frío durante 10-12 horas. Pincele con aceite vegetal y ahume en caliente hasta alcanzar una temperatura de 71ºC en el interior del animal. También es posible terminar las perdices mediante cocinado en un cocedero a presión o en un cocedero de jamones, con lo que se evitará la pérdida de peso.

Pechuga de pichón

El pichón entero se ahuma bien pero debido a la escasa cantidad de carne presente en el resto de las partes de su cuerpo, con excepción de la pechuga, no merece la pena. Separe del hueso las dos partes de la pechuga sin quitar la piel. Póngalas en una salmuera del 40% durante la noche o en una salmuera del 80% durante 30 minutos. Ahume en frío durante 8 ó 10 horas, tras pincelar ligeramente con aceite vegetal. Ahume en caliente y cocine en un horno revestido con papel de aluminio.

Los patos, gansos y otras aves salvajes pueden ahumarse satisfactoriamente utilizando las recetas correspondientes a sus equivalentes domésticos con las que se pueden obtener resultados similares. Las aves salvajes suelen tener un menor contenido en grasa que las aves de corral y, por tanto, necesitan un periodo ligeramente inferior en salmuera.

Salchichas

Se pueden fabricar salchichas a partir de cualquier materia prima, como el pescado, la carne de vacuno, de cerdo, de cordero o de ave. Para conseguir una buena textura se necesita añadir una cierta proporción de grasa, que suele ser grasa de cerdo. Pueden utilizarse proteínas emulsionadas como las que se obtienen a partir de la soja las cuales mantienen la cohesión entre los ingredientes, aunque no tienen casi sabor. La piel de la salchicha tiene que permitir la penetración del humo para el proceso de ahumado y debe ser una cubierta natural o fabricada específicamente para permitir el ahumado. Los proveedores de las carnicerías disponen de cubiertas naturales hechas con tripas tratadas de intestino animal, se presentan en calibres adecuados para la elaboración de salchichas pequeñas, medianas y grandes. Las tripas artificiales de plástico no son adecuadas. La variedad de tipos de salchichas es tan numerosa que no es posible reseñarlas todas aquí, pero el método básico es similar en todos los casos. Le recomiendo que investigue en los libros sobre preparación de salchichas porque éstas constituyen un medio ideal para aprovechar los trozos y otros restos de materia prima de buena calidad.

El contenido de una salchicha puede describirse como carne picada de cualquier clase, condimentada (generalmente muy condimentada) con hierbas, especias y sales. Si aún no es Vd. un «ahumador» experimentado, la salchichas son un medio relativamente barato para hacer experimentos. Con la cura y el ahumado de diversas combinaciones de carnes en forma de salchichas se adquiere práctica y confianza en el uso del ahumador y se gana conocimiento sobre cuánto tiempo tarda la temperatura del ahumador en cambiar, etc. Habitualmente la cantidad de carne para uso industrial es de 45 kg, y la cantidad de sal y especias necesaria podría ser similar a la de la siguiente lista:

1 kg de sal
50-100 g de pimienta negra
50-100 g de salvia u otra hierba
15-28 g de pimienta roja
15-28 g de clavo molido
o
28 g de nuez moscada molida.

La proporción es dos tercios de carne magra y un tercio de grasa puesto que proporciona una salchicha final que no perderá mucho volumen durante el cocinado. Una salchicha con menos grasa tiende a estar dura y seca. Las cantidades con las que debe empezar un principiante podrían ser las siguientes:

2 kg de carne/grasa (un tercio de grasa y dos tercios de carne)
5 cucharaditas rasas de sal
4 cucharaditas rasas de mezcla de hierbas
2 cucharaditas rasas de pimienta negra recién molida
1 cucharadita rasa de clavo o nuez moscada
1 cucharadita de sal nitro.

Elimine todos los huesos adheridos a la carne, elimine también los cartílagos y coágulos de sangre. Cuando la carne está fría, es más fácil limpiarla y picarla. Corte la carne primero en tiras y luego en cubos. Corte la grasa de la misma manera pero manténgala aparte. Pese la grasa y la carne y mézclelas en la proporción adecuada. Mezcle esto con la sal y los condimentos y pique todo en la picadora con una placa de orificio grueso. Deje que se enfríe y vuélvalo a picar si así lo desea con una placa de orificio más fino.

Embuta la tripa y deje que curen durante 24 horas en una estancia fría o en la nevera. Ahume en frío durante 12 horas o hasta que las salchichas estén de color dorado oscuro. Cocínelas del modo habitual.

Salchicha para lonchas

1 kg de cerdo magro (cuello u hombro)
500 g de grasa dura de la espalda
3 dientes de ajo, machacados
2 cucharadas colmadas de sal
1 cucharadita de sal nitro
1 cucharadita de pimienta inglesa
1½ de pimienta negra recién molida.

Pique la carne una vez, mezcle todos los condimentos y la sal nitro. Rellene una tripa grande, haciendo una salchicha o dos, según sea su gusto. Recuerde que se encogerán aproximadamente en un tercio de su volumen.

Cuelgue la salchicha en un lugar bien aireado a una temperatura de 3ºC durante cuatro días. Una despensa con la temperatura correcta es el sitio ideal porque además evita que haya luz del sol. Si la temperatura de la despensa es demasiado baja, no se producirá la cura. Ahume en frío hasta que aparezca un color pardo-amarillento intenso. Esto tardará entre 24 y 36 horas. Cuelgue la salchicha en un lugar fresco y aireado durante al menos un mes. Cuando empiece a encoger, apriétela hacia abajo desde cada extremo para asegurar que el contenido se compacta y luego resulta fácil de rebanar. Puede consumirse en forma de finas lonchas.

Salchicha de caza

Las partes menos tiernas del venado pueden mezclarse con carne de cerdo magro y grasa de cerdo en una proporción de 50/50. Las instrucciones y el resto de ingredientes son los mismos que para la primera receta de salchichas.

Salchicha de Bolonia

3 kg de vacuno
2 kg de cerdo
1 litro de agua fría
125 g de sal
1 cucharadita de sal nitro
2 cucharaditas de pimienta negra
1 cucharadita de coriandro
1 cucharadita de macis, cebolla o ajo, si se desea.

Enfríe los trozos de vacuno y píquelos con sal, con cuchillas y placa de orificio grueso. Añada el resto de los ingredientes y cure durante 12 horas. Pique el cerdo con la placa de orificio fino, mézclelo con el vacuno picado y las especias y vuelva a picarlo todo con la placa de orificio fino. Cure durante otras 36 horas. Añada el agua y mezcle todo vigorosamente hasta que la masa quede pegajosa. Embuta la tripa hasta que quede henchida y cuélguela durante otras 12 horas. Ahume en frío durante dos horas y luego eleve la temperatura del ahumador hasta 42ºC durante otra hora más. Prepare una cazuela o una olla con agua y meta las salchichas dentro. Hierva hasta que la piel cruja al soltarla cuando se la pellizca con los dedos. Esto tardará unos 15 minutos. Enfríe las salchichas rápidamente poniéndolas en agua fría. Cuélguelas en un lugar frío y consúmalas tan pronto como sea posible para obtener el sabor óptimo.

Salchicha de pescado

Aunque no es tan conocida, la salchicha de pescado constituye un medio ideal para que los niños recalcitrantes incrementen su consumo de pescado fácilmente. El pescado tiene un alto contenido en agua pero al salarlo se produce una cierta pérdida de agua y con el resto del pez se forma una pasta si se trocea o licúa el pescado. Es necesario añadir grasa y alguna otra materia como migas de pan o pan rallado. Si el pez es graso, como el salmón o el arenque, se puede reducir la cantidad de materia añadida.

Diagrama de flujo de producción para una cámara de ahumado de 90 kg de capacidad

Clave · · · · · · · · · · Secado por goteo
——— Tiempo de salmuera
— — — — — Tiempo de ahumado

Una caja de serrín arderá durante aproximadamente 12 horas.
El día está basado en empezar a las 9 en punto de la mañana y rellenar al final de la tarde para permitir el ahumado durante la noche.

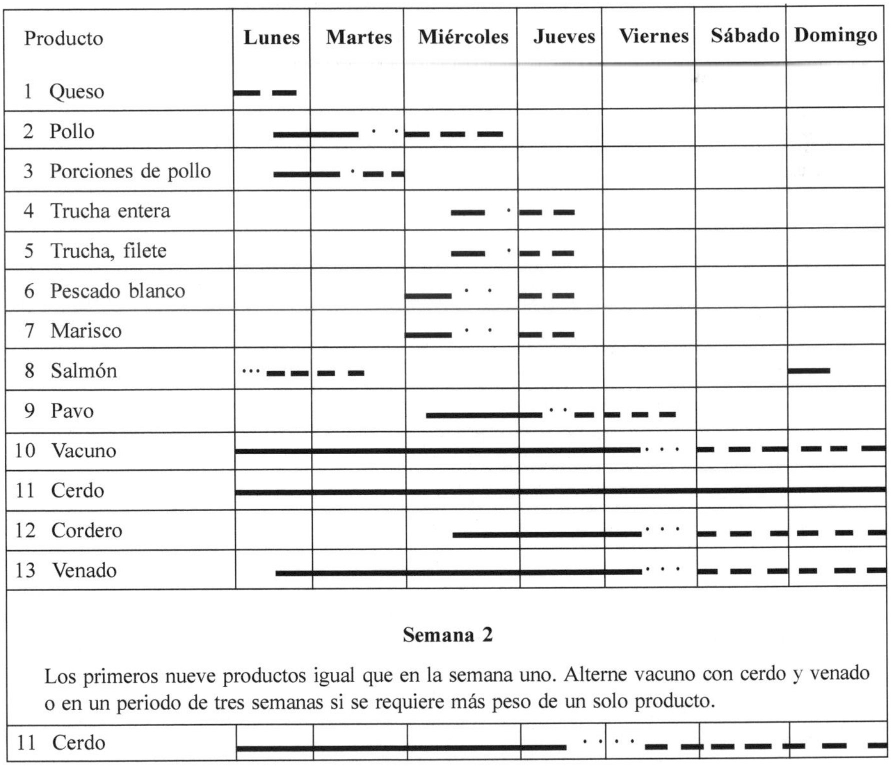

La siguiente tabla de proporciones sirve de guía, la experimentación con otras cantidades tendrá por resultado productos finales con su propio toque personal:

Pescado	65%
Grasa	15%
Agua	10%
Migas o pan rallado	5%
Sal	3%
Hierbas o especias	2%

Elimine con mucho cuidado las espinas y la piel del pescado. Píquelo. Mezcle con la sal y las especias o hierbas y con agua en una licuadora hasta obtener una sustancia pastosa. Pique la grasa con una placa de orificio grueso y mézclela con el pescado. Rellene las tripas y ahume en frío durante cuatro o cinco horas. Cocínelas como una salchicha normal. También se pueden hacer salchichas de pescado ahumado con el mismo método. Se requiere un menor tiempo de ahumado porque sólo servirá para dar color a las salchichas.

Para aquellos de Vds. que estén pensando en montar un negocio, es esencial que el producto que vayan a ahumar esté procesado de la manera más eficaz posible. Muchos alimentos requieren tiempos de salmuera cortos y muchos requieren tiempos de ahumado largos, de manera que si se planifica un diagrama de producción para cada tipo de alimento se puede conseguir un flujo de productos organizado de tal manera que el ahumador esté en uso de forma casi permanente. El diagrama de producción que nosotros presentamos muestra cómo hacerlo.

Para recapitular, la siguiente lista presentada paso a paso para el ahumado puede servir como ayuda y refrescar la memoria.

1. Seleccione una materia prima fresca y asegúrese de que se ha completado el proceso de rigor mortis.
2. Pese.
3. Decida el tipo de salmuera.
4. Calcule el tiempo de salmuera.
5. Prepare y enfríe la salmuera hasta 3ºC.
6. Coloque el alimento en el balde de la salmuera y asegúrese de que está totalmente sumergido.
7. Revise, dé la vuelta a la carne y remueva la salmuera regularmente.
8. Saque el alimento de la salmuera, deje que gotee y seque para que se forme la película exterior. La trucha de agua dulce es una excepción y puede meterse húmeda en el ahumador.
9. Encienda el ahumador con una o dos cajas de combustible según el caso.

10 Cuelgue o coloque en rejillas o bandejas el alimento y ahume a 21ºC durante el tiempo necesario, rellenando las cajas de serrín cuando sea necesario.
11 Saque el alimento del ahumador si se va a procesar de cualquier otra manera antes de ser consumido.
12 Si es necesario terminar el producto cocinándolo en el horno, eleve la temperatura y ahume durante el tiempo necesario para que el alimento se haga mediante exposición al humo caliente.
13 Sáquelo del ahumador y permita que se enfríe y que madure. El color y el sabor se desarrollarán durante las primeras 24 horas después del ahumado.
14 Envase y congele, o envuelva en una muselina y cuelgue, dependiendo del producto.
15 Si es necesario para propósito de venta minorista, envase al vacío o en cajas los productos y etiquételos.

Capítulo 7

Montar un negocio

En este momento en que el ahumado de alimentos se hace cada día más popular, crece el entusiasmo por montar negocios relacionados con este proceso de producción, marketing y venta, especialmente entre aquellas personas que buscan una nueva oportunidad empresarial o desean crear un segundo negocio.

Sin embargo, se trata de una decisión que se decidirá sobre la base de un sólido proceso previo de preparación y deliberación. Algunas personas ya ocupan una posición adecuada para desarrollar un negocio de productos ahumados. Son:

- Los productores de ganado y pescado en granjas.
- Los procesadores de los productos anteriores.
- Los empresarios de «catering».
- Los empresarios de «delicatessens».

Todos estos negocios cumplen ya parte de los requisitos que les capacitan para producir alimentos ahumados puesto que tienen el control sobre las materias primas y cuentan con establecimientos adecuados y/o clientes.

Sin embargo, esto no significa que por el hecho de contar con estos antecedentes estén capacitados para montar y gestionar con éxito un negocio de productos ahumados, aunque sí cuentan con la experiencia previa de conocer los aspectos cruciales propios del ámbito empresarial antes de embarcarse en la aventura de un nuevo negocio como es el ahumado de alimentos. ¿Qué alimentos pueden ahumarse? ¿Cuánto tiempo durará la operación? ¿Dónde se localizará la fábrica? ¿Qué características tiene la competencia local?

La *materia prima* es la clave de todo tipo de operación de procesado alimentario y es esencial poder contar con un buen suministro de ella a un precio razonable durante todo el año. El aprovisionamiento disponible puede dictar en qué área puede Vd. operar porque nadie desea incurrir en elevados gastos de transporte para traer materias primas o enviar productos finales. Cuando se trabaja con pescado fresco, las necesidades son aún más críticas, porque si la materia prima no está próxima a las instalaciones de desembarco y manipulación habrá que congelar el pescado.

Normalmente, la idea de ahumar alimentos parte del hecho de que se dispone de materia prima suficiente, unido a la existencia de una demanda real o potencial de productos ahumados en su zona o en zona conocida, de manera que la elección de los productos ya viene dada.

Inicialmente, no resulta muy buena la idea de lanzarse al ahumar productos muy diferentes entre sí. Es mejor seleccionar productos que en el ahumador requieran un tratamiento y un periodo de tiempo similares, o que puedan procesarse en el mismo área de la fábrica. Por ejemplo, el salmón junto a otros peces y mariscos pueden prepararse y salarse sin necesidad de disponer de áreas separadas. Sin embargo, si se trata de salmón y pollo, cada producto debe tener su área específica y separada para evitar cualquier tipo de posible contaminación cruzada.

Otra razón para agrupar los productos es que los restos resultantes de la limpieza de las piezas pueden combinarse para la elaboración de productos secundarios, como por ejemplo patés, proceso que elimina la partida financiera de peso no vendido y agiliza el flujo de fondos.

Cuando es uno mismo quien produce la materia prima es más fácil controlar la calidad del producto final. Las materias primas pueden ser fuente de numerosos problemas. No se debe ceder a la tentación de hacer recortes de presupuesto con vistas a aumentar el beneficio. Asegúrese de que la materia prima es de la mejor calidad y que desde el principio se ha cultivado u obtenido de manera correcta. Si se mantienen estas normas, la calidad del producto final estará asegurada y los beneficios serán congruentes con ella.

Si para obtener la materia prima es necesario el sacrificio, un correcto control del método le permitirá minimizar el factor de estrés cuando transporte los animales al matadero. El periodo de tiempo necesario para la maduración de la carne también estará en sus manos, el sabor y la textura sólo se desarrollarán si las piezas permanecen colgadas durante el tiempo suficiente, como ya se ha explicado anteriormente. En el caso del pescado, también organizará los momentos de suministro para adecuarse a la operación de procesado, de manera que el suave desarrollo de la misma no se vea interrumpido por los plazos de entrada o de cumplimiento del rigor mortis de los lotes de pescado.

Mientras Vd. decide qué tipo de alimentos va a ahumar, irá tomando forma el tamaño de la operación. Si se trata de una materia prima muy especial, cuyos suministros están limitados, no será necesario disponer de un edificio para ahumar de gran capacidad. Por otro lado, si la disponibilidad y la demanda del producto son elevados, resultará obviamente una ventaja poder manipular grandes cantidades de material. El tamaño físico de la mercancía puede ser el factor que determine el tamaño del ahumador y, por consiguiente, las características del local que debe albergarlo.

El local tiene una importancia determinante y al concebirlo nuestras prioridades deben centrarse en el suministro de agua, la vía para el transporte de suministros y envíos, la toma eléctrica con la suficiente potencia para dar servicio a toda la maquinaria que se desee emplear, la eliminación de aguas residuales y las existencia de puertas de acceso a cada lado de la estructura o de paredes que no sean difíciles de tirar si se presenta la necesidad de realizar reformas estructurales. La belleza del emplazamiento puede constituir un interesante incentivo para el trabajo, pero también puede convertirse en un dolor de cabeza si el lugar puede quedarse aislado en invierno por causa de la nieve o si está situado en un lugar tan remoto que se hace necesario edificar casas para los trabajadores.

Cuando tenga que decidirse por un emplazamiento, visite el lugar donde haya pensado construir la fábrica, quédese por la zona durante algunos días y permita que le embargue el sentimiento del lugar y su gente. Existen ciertos tabúes acerca de determinados tipos de trabajo, y si Vd. no puede disponer de mano de obra local y tiene que importarla, estará creando los cimientos de una futura mala relación con sus empleados. Debe tener a la población local de su parte.

Hay un tema importante del que ocuparse desde el principio en lo relativo a la instalación de la fábrica. En el caso de que Vd. desee exportar a la Unión Europea deberá construir, o encontrar, una fábrica nueva que cumpla con todos los requisitos de tipo medioambiental establecidos por la Unión Europea. Igualmente puede encontrar una fábrica ya existente y hacer las modificaciones necesarias para que cumpla con la normativa exigida. Esta decisión suele venir determinada por el factor financiero y, cuanto más compacta sea la instalación, más barato será el coste de la reforma necesaria para cumplir sus exigencias. Construir una fábrica nueva que cumpla con todos los requisitos necesarios puede ser tan costoso que la empresa puede verse en la necesidad de comenzar su andadura con una terrible carga financiera, de manera que es aconsejable establecer contacto con otras empresas locales para ver si existe algún tipo de nave en oferta.

Es importante dar prioridad al contacto con el responsable local de medio ambiente porque la interpretación de la Directiva de la UE 93/43/AAC:4/6/1993 - L175.19.793 varía y el proceso de ahumado no siempre se comprende con claridad. La celebración de una reunión al principio puede ser de ayuda para ambas partes.

Si es Vd. ganadero, puede disponer de importantes oportunidades de reconvertir un edificio exterior modificando el sistema de eliminación de aguas residuales para cumplir con la normativa. Si Vd. puede disponer de un edificio propio, tiene la posibilidad de incorporar una tienda a los planes, lo cual proporcionará un buen lugar de venta de los productos finales.

Los hoteles, restaurantes y otras empresas de restauración suelen contar con instalaciones para la preparación y zonas de almacenado en frío y generalmente necesitan pocas modificaciones para iniciar el proceso de ahumado de alimentos. Estos negocios suelen disponer de una cartera de clientes y están en una posición excelente para ofrecer algo nuevo y diferente a su clientela sin incurrir en demasiados gastos.

No conviene carecer de información precisamente en el momento en que el potencial empresario ahumador piensa en montar su negocio. En ocasiones es más fácil solicitar el consejo de asesores en ahumado de alimentos, que pueden diseñar las líneas maestras de lo que se necesita y en qué secuencia. El plan inicial de la fábrica debe garantizar condiciones de trabajo higiénicas y eficientes incluso en situación de máxima capacidad, cuando la meta está en mantener un flujo constante de trabajo en curso sin retrasos ni vueltas atrás. Este método no sólo evita el desorden sino la también potencial difusión de bacterias en las distintas fases del proceso. Por muy pequeño que sea el tamaño de la operación, la higiene debe ser siempre la meta. La materia prima entra por una puerta y por la otra sale el producto final. Las estancias frías deben tener dos secciones: una para la materia prima y otra para los productos finales. En ocasiones se puede diseñar el local de manera que el equipo, como el ahumador y la estancia fría, puedan incorporarse en la misma sala, dividiendo el edificio en secciones destinadas a cada operación del proceso. Esto sólo es posible cuando el flujo de trabajo se centra en torno a la estancia fría. Nunca economice en el tamaño de la estancia fría que elija. Asegúrese de que la instalación le per-

Esquema de la instalación

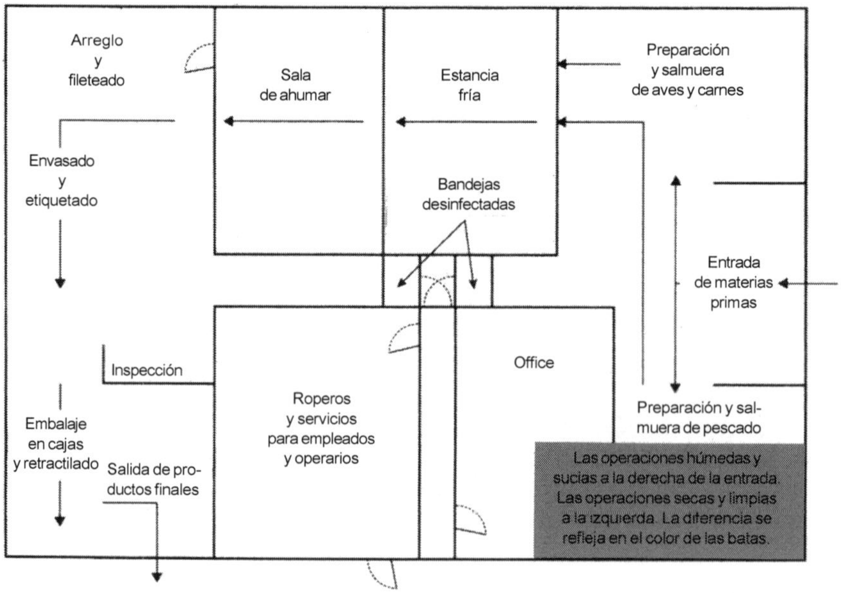

mite manejarse por todas partes con carros o bandejas. Si es posible, evite la presencia de escalones. El diagrama ilustra una distribución ideal para una fábrica de ahumados pequeña. Para que un ahumador sea financieramente eficiente debe estar operativo en todo momento, con excepción de los periodos destinados a limpieza y mantenimiento. Debe asegurarse de que hay espacio suficiente para instalar una máquina auxiliar ya que la mayor parte de las fábricas suelen tener equipo auxiliar para aumentar la capacidad de ahumar siempre que el volumen de producción justifique una inversión adicional de capital. Los puntos de agua serán numerosos, así como los lavabos para la higiene de las manos, que se manipularán por mecanismos de pedal o accionados con la rodilla. Cuanto mejor sea el diseño de las instalaciones, más fácil será mantener los niveles de higiene necesarios.

Cuando considere su modelo de fábrica piense dónde vertirán los sumideros de aguas residuales. Si es posible evacuar a un río o arroyo, haga que un profesional analice el agua de él antes de empezar su actividad. De esta forma Vd. puede protegerse de cualquier incidente que pueda producirse en el futuro en relación con la contaminación del agua del río y del que Vd. pueda resultar culpado sin ser responsable.

Las instalaciones deben estar construidas a prueba de insectos, pájaros y roedores, por lo que los edificios antiguos de techos muy altos pueden presentar problemas. En este caso, debe Vd. bajar la altura de los techos hasta que estén a un nivel más fácil de limpiar. Si ello es posible, escoja una fábrica con paredes de unos 2,5 m de altura. La ventilación es obligatoria y las ventanas deben estar protegidas con una malla fina para evitar la entrada de pájaros o insectos. Las puertas utilizadas para la carga y descarga deben estar provistas de mamparas para evitar la entrada de plagas. También debe instalarse un aparato anti-insectos de tipo ultravioleta y debe tenerse mucho cuidado con la localización de los cubos de basura que siempre deben estar bajo cubierta; algunas autoridades insisten en que la basura debe almacenarse en un lugar refrigerado antes de su recogida.

Siempre hay que hacer algún tipo de concesión al escoger la instalación de un negocio ya que, generalmente, cuando la localización es perfecta, el edificio no lo es, o viceversa. No se precipite al tomar una decisión. El edificio es la principal partida de la lista de inversiones e implica el mayor porcentaje de su proceso de toma de decisiones. Visite todas las empresas del sector que sea posible y hable con la gente que trabaja en ellas. Los fabricantes de equipo suelen ser de gran ayuda, siempre es posible hacer mejoras en el futuro, así que tómese su tiempo para decidir lo que desea instalar en un primer momento.

La fase de planificación no tiene por qué ser necesariamente improductiva puesto que, si se dispone de un pequeño ahumador de alimentos, se puede aprovechar el tiempo para aprender las técnicas y estrategias de este negocio preparando muestras y buscando clientes.

Capítulo 8

Las finanzas

Una vez que se ha tomado la decisión de montar un negocio de ahumados hay que enfrentarse al problema de cómo financiar el proyecto. Las ideas innovadoras pueden proporcionar cierta cantidad de ayuda práctica, pero nadie puede ofrecerle un consejo o financiación hasta que el proyecto haya sido estudiado con todo detalle. Esto implica presupuestar cada aspecto del proyecto, por pequeño que sea, desde la preparación de las instalaciones hasta el suministro de batas para los empleados. Ya sólo el diseño del plan del negocio puede configurar una partida costosa del presupuesto, no únicamente en términos monetarios, sino en el tiempo destinado a su correcta preparación.

¿Dónde se puede conseguir ayuda?

Si ha pensado beneficiarse de algún plan respaldado por el Gobierno, prepárese para soportar una larga espera antes de poder empezar a avanzar, y al final es posible que no llegue a recibir tanto como esperaba desde el punto de vista del apoyo financiero. Este tipo de retraso puede acabar con todo un proyecto, si éste está basado en un plan que tiene fechas límite que con el retraso pueden convertirse en inalcanzables. Además, mucha gente que emprende un negocio puede no ser consciente de que las subvenciones suelen pagarse sólo después de que el beneficiario ya ha gastado una parte proporcional de su propio bolsillo en el proyecto. Las finanzas suelen organizarse en un lote de tal manera que una parte está disponible como capital circulante y otra parte como línea de descubierto en cuenta. Cada región (o distrito como se denominará en Escocia desde abril de 1996) tiene un Departamento de Desarrollo Económico situado en la sede central que podrá ayudarle con respecto a las ayudas disponibles para apoyar una empresa de tipo local, así como con respecto a la situación de las subvenciones.

Si Vd. ya ha manejado algún negocio antes y piensa en el negocio del ahumado como una línea adicional a su actividad profesional, consulte con su banco y pregúnteles qué creen ellos que debe Vd. hacer. Es normal bromear sobre los directivos de la banca, pero si ven la posibilidad de prestar dinero sobre una base segura, estarán encantados de ayudarle. Descubra todos los planes que existen de venta cooperativa como el plan *Food from Britain*[3] u otros similares desarrollados por las autoridades locales. Los planes del Gobierno para el fomento del turismo también son una buena fuente de ayuda si su proyecto es susceptible de atraer visitantes, en ciertas ocasiones el Consejo de Turismo puede proporcionar apoyo financiero, especialmente si la empresa dispone de servicio de «catering» y centro de recepción.

Y recuerde, puede no ser necesario hacerlo todo por cuenta propia si su producto puede completar la gama ofrecida por otro empresario que ya haya establecido mercados en el ámbito de su interés.

¿Debo pedir un crédito?

Comprar dinero es siempre una posibilidad, pero los créditos son caros, de manera que es necesario tener claro desde un principio qué se pretende conseguir del proyecto. ¿Desea Vd. satisfacer las necesidades locales a pequeña escala doméstica? o ¿desea levantar un negocio dentro de la comunidad de empresas nacionales? Una vez haya identificado cuál es su meta, pueden valorarse el resto de los costes en términos de instalación, gastos generales, producción diaria, tamaño y situación de los mercados, así como analizar si en esa situación el producto puede generar el margen de beneficios necesario para que el proyecto sea viable. Levantar un negocio siempre resulta mucho más caro de lo que uno piensa y se necesitan varios meses de esfuerzo duro y constante dedicados al estudio de los mercados potenciales durante los que puede no haber ingresos para financiar los costes.

La preparación de un plan empresarial

Si Vd. no ha tenido con anterioridad la oportunidad de trabajar en la confección de un plan empresarial, debe ponerse en contacto con un experto que le aconseje. Existen programas especialmente diseñados para iniciar un negocio propio en los que se incluye este servicio de asesoría, como la *Enterprise Iniciative*[4]. Sea sincero consigo mismo con respecto a todos los aspectos del proyecto porque es mejor reconocer y enfrentarse con las difi-

---

[3] N. del T.: Alimentos de Gran Bretaña.
[4] N. del T.: Iniciativa empresarial.

cultades antes de empezar que tropezar con ellas cuando se está en pleno funcionamiento. Si dispone Vd. de un ordenador personal, existen programas de software financiero hechos a la medida que pueden ser de gran ayuda a la hora de confeccionar un plan empresarial, al tiempo que ahorran un tiempo considerable a la hora de ajustar los detalles.

¿Hasta qué punto es importante la elección del local?

Cuando haga la elección de su local debe tener en cuenta la posibilidad de una futura ampliación. Es más barato pagar al principio una renta un poco más alta que tener que hacer un traslado a los pocos meses de haber empezado porque ya no hay sitio suficiente. Los traslados siempre resultan muy caros, de manera que hacer una buena elección desde un principio es vital.

¿Hay alguna partida de gastos que pueda aparecer inopinadamente?

Otro aspecto de la industria alimentaria es que se suelen olvidar los gastos relacionados con el etiquetado del producto. Debe tener cuidado y asegurarse de haber comprendido en su totalidad las regulaciones vigentes que tengan relación con la producción y comercialización de su producto, y de que el diseño y la impresión de las etiquetas permita que la información pueda leerse con rapidez y claridad. Por favor, vea la ilustración de la página 108, en la que se muestra una etiqueta que cumple toda la legislación vigente[5]. El coste de esta parte del negocio es muy alto por causa de los gastos de diseño implicados y de las consiguientes cuentas de la imprenta. Se recomienda que se ponga en contacto con una imprenta pequeña situada en su área que esté especializada en impresión de etiquetas con tiradas de hasta unos 5.000 ejemplares.

Tiene Vd. que estar preparado para ofrecer muestras que le permitan recibir pedidos y conseguir nuevos clientes. La publicidad también es cara y sólo debe realizarse después de haberse planificado muy bien. Sea muy específico y oriéntela a sus clientes potenciales tan eficazmente como sea posible. Una regla de oro en el negocio de la producción alimentaria es convertirse uno mismo en el propio conejillo de indias e implicar en ello a todos los empleados, porque ellos son los que están mejor preparados para ese trabajo. Si Vd. es capaz de consumir satisfactoriamente su producto, las posibilidades de que otros lo hagan también son mucho mayores.

---

[5] N. del T.: En Gran Bretaña.

¿Qué beneficios puedo esperar?

El beneficio típico de un pequeño negocio de ahumado de alimentos puede calcularse sobre la siguiente base:

La facturación debe ser aproximadamente tres veces el coste de la materia prima más el coste neto. El beneficio íntegro debe ser por tanto el doble del coste de los materiales más el coste neto, con un beneficio neto de cerca del 50% del coste de las materias primas más el coste neto después de haber deducido los gastos generales, los salarios y los costes de explotación. En otras palabras, si el coste de la materia prima más el coste neto suma £ 10.000 al año, el beneficio debe acercarse a las £ 30.000 con un beneficio neto de cerca de £ 5.000. Esto implica un margen de beneficios del 16%.

¿Cómo puedo crear cuentas de gestión?

De nuevo, es necesario contar con la ayuda de un asesor financiero y de un contable colegiado. Yo siempre he empleado el esquema que aparece a continuación para asegurarme de que se cubren todos los aspectos necesarios para el mantenimiento permanente de las ventas y los gastos en curso. El *software* de cuentas financieras para ordenador personal, como por ejemplo los programas *Sage,* disponibles en cualquier comercio de *software* informático, son ideales para crear cuentas de gestión y pueden dar cifras mensuales de beneficios, pérdidas y balances.

Ventas

Comercio		
detallista		
mayorista		
ferias y exposiciones		
tienda/kiosco		
1. Beneficio íntegro	£ 000	

Compras

coste de materias primas		
mano de obra		
envasado		
materiales de producción		
higiene		
2. Coste neto	£ 000	
3. Beneficio íntegro (1 menos 2)		£ 000

Gastos generales		
Formación		
Salarios		
NI		
PAYE		
Alquiler		
Tasas		
Luz, gas y otros		
Teléfono y fax		
Imprenta y papelería		
Transporte		
Caja menor y correo		
Gastos de explotación vehículo		
Reparaciones y repuestos		
Auditoría y gastos jurídicos		
Seguros		
Leasing		
Gastos bancarios		
Intereses		
Pago de préstamo		
Depreciación		
4. Total de gastos generales	£ 000	
5. Beneficio neto (3 menos 4)		£ 000

Consultar las direcciones de la página 117.

Capítulo 9

La identificación del mercado

El proceso de ahumado puede ser la ampliación natural de un negocio previamente existente y, por consiguiente, los clientes pueden estar ya convenientemente identificados, existiendo de hecho una base adecuada para el nuevo negocio. Sin embargo, siempre es posible el recelo cuando se propone un presupuesto para un empresario que quiere introducirse en el sector del ahumado de alimentos con capacidad para producir toneladas de producto ¡sin haber ahumado un solo *kipper* en toda su vida! El entusiasmo es una necesidad en el mundo de los negocios, pero también es necesario partir de una base realista. Todo negocio necesita contar con un buen conocimiento de su mercado, lo que determinará si éste tiene posibilidades de tener éxito o no.

¿Cómo se busca un mercado?

El mercado estará determinado por unos cinco factores:

1 El producto final.
2 El lugar de localización de la fábrica.
3 El potencial comercial local/internacional.
4 El potencial comercial turístico.
5 El potencial comercial de exportación.

En este momento Vd. ya habrá decidido cuál es el producto final óptimo para comercializar y la localización de la fábrica será la mejor de la que haya podido disponer. Es posible servir al mercado local contactando con hoteles, cafeterías, restaurantes, «delicatessens», carniceros y pescaderos locales. ¿Hay alguna tienda que organice semanas «especiales» dedicadas a un producto concreto? Visite y hable con algunas de ellas de todos modos, propóngales lo que piensa hacer y ofrezca algún tipo de trato especial. Decida un precio y mantenga la coherencia con todo el mundo. ¡Jamás permita que exista la posibilidad de que un cliente pueda descubrir que la tienda de más abajo tiene con Vd. un trato más ventajoso! Establezca su precio meticulosamente, no se deje tentar para fijar un precio inferior al que Vd. sabe que es necesario para que el trato sea viable. Es mejor no hacer un trato que suministrar bienes que le supongan pérdidas.

Los turistas de paso no comprarán su producto si no saben que existe o en qué consiste su trabajo. El mejor método para solucionar esto consiste en tener una tienda o kiosco propio en el que mostrar las mercancías. Los mercadillos locales son ideales para ello porque el precio del alquiler de puestos suele estar dentro de lo razonable y es fácil que quepan dentro del presupuesto de un negocio que empieza. Descubra si hay otros mercados al aire libre en su zona. Asista a las fiestas locales, ferias agrícolas y de caza; recuerde facilitar muestras y ofrecer productos para la venta, y asegúrese siempre de que su nombre, dirección, teléfono y fax, a donde se deben dirigir los pedidos, aparecen con claridad. Es esencial disponer de un folleto impreso a la hora de asistir a todo tipo de eventos. Si su tipo de suministro es local, puede que no sea necesario envasar al vacío, y sus clientes podrán disfrutar de una mejor calidad, porque independientemente de lo bien que se realice, el envasado al vacío siempre implica una pérdida de sabor en el producto final. Los alimentos recién ahumados siempre tienen mejor sabor que los alimentos almacenados durante tres semanas.

También es importante diseñar una política de distribución y decidir si se va a cobrar una tasa por ello. Asigne un día de distribución para cada área en la que haga suministros y manténgase fiel a ese calendario. Si no siempre se encontrará con que tiene que hacer un envío especial para servir una pequeña cantidad de salmón o de otro producto.

Publicite algún servicio especial como los entrantes para fiestas, los regalos de cumpleaños o de agradecimiento.

Al suministrar a un mercado nacional, la herramienta de ventas más útil es el pedido por correo, pero se trata de un sector en el que es difícil introducirse hasta que el producto que se fabrica es bien conocido. Además, debe uno estar muy seguro de sus productos porque el correo no es el mejor método para la distribución de mercancías. Los retrasos en la distribución pueden crear clientes desencantados y generar reposiciones que cuestan tiempo y dinero. No ignore esta posibilidad pero déjela aparte para retomarla cuando su negocio se haya afianzado.

Aunque los supermercados pueden representar un buen negocio, no intente conseguir un gran contrato antes de estar seguro de que puede mantenerlo sin perder una parte del margen de beneficios. Al principio es suficiente con tener unos pocos pedidos semanales que permitan sobrevivir y cubrir las necesidades esenciales al tiempo que sientan la base sobre la que va a crecer su negocio, sin ejercer una presión excesiva ni sobre su capacidad financiera ni sobre su capacidad productiva.

Aprovechando los viajes al extranjero patrocinados por el Gobierno, puede ser posible asistir a alguna de las ferias internacionales de alimentación y, en muchos casos, esta actividad puede generar una considerable actividad de exportación. Pero, antes de asumir un contrato de exportación, investigue todo lo que pueda sobre las características del país en cuestión. En el *British Department of Trade and Industry*[6] hay un proyecto de seguros de pago a la exportación administrado por el plan *Export Credit Guarantee*[7]. (Los bancos ofrecen la posibilidad de poner al cliente en contacto con la oficina más cercana del *DTI,* también puede Vd. ponerse directamente en contacto con la oficina más cercana del *DTI*). Este cuerpo considera cada solicitud según sus méritos, teniendo en consideración el tipo de mercancía y el destino del envío, empleando su conocimiento en el área y la capacidad de pago probable. Sobre la base de esta información, hacen una proposición dando los detalles de la prima que Vd. puede aceptar o rechazar. Cuente con el informe crediticio realizado por el *DTI* sobre el cliente con el que Vd. pretende tratar a cambio de una pequeña tasa de unas £ 10. También puede intentar ponerse en contacto con el mayor número posible de proveedores sobre los que tenga conocimiento, para crear un perfil de la empresa.

El *Export Market Information Centre*[8] gestionado por el *DTI* tiene su sede en *Kingsgate House, 66-74 Victoria Street, LONDON SW1E 6SW (tfno: 0171-215-5444/5; fax: 0171-215-4231; E-mail: EMIC @ash001.ots.dti.gov.uk)* y ofrece una amplia gama de servios e informaciones sobre los mercados de exportación que van desde las Páginas Amarillas de países extranjeros, hasta estudios de investigación de mercado, catálogos de ferias comerciales y planos de las calles de las ciudades.

Si Vd. no conoce el idioma del país a donde piensa exportar, busque un agente que lo conozca y que esté familiarizado con los métodos comerciales y con posibles restricciones poco usuales y típicas del país. Una documentación incorrecta puede retrasar los pagos, incluso si se trata de una letra de crédito o de cambio, de modo que póngase en contacto con la sucursal extranjera de su banco y apalabre su asistencia. No rehuya el trabajo en el extranjero, pero asegúrese de que todo está atado y bien atado antes de hacer el primer envío de mercancía, porque no es fácil obtener una reparación legal a larga distancia y en un idioma desconocido.

---

[6] N. del T.: Ministerio de Comercio e Industria de Gran Bretaña.
[7] N. del T.: Garantía de Crédito a la Exportación.
[8] N. del T.: Centro de Información del Mercado de Exportación.

Capítulo 10

La higiene y el medio ambiente

Cuando se hace una solicitud para la apertura de un negocio, los funcionarios del *Environmental Health Department*[9] quedan automáticamente implicados. No es posible eludir este ministerio, de modo que es mejor solicitar su ayuda desde el principio del proyecto. Una vez que haya encontrado un local adecuado para la fábrica, haga un croquis de lo que pretende instalar dentro del edificio y cite al funcionario correspondiente de la oficina de medio ambiente para que visite junto con Vd. el local sobre el terreno. Actualmente no existe una legislación única para todo el territorio nacional sobre los requisitos a cumplir, pero con la celebración de esta reunión inicial Vd. podrá informarse sobre la interpretación local de las Directrices Europeas. (Este documento existe bajo la referencia: L.175.19.7.1993). Sin que ello suponga una falta por su parte, los funcionarios no suelen tener mucha idea sobre las características del proceso de ahumado y, por consiguiente, estarán a la defensiva pero deseosos de cooperar. Tienen que justificar su existencia pero, al mismo tiempo, desean que los proyectos salgan adelante para crear empleo en la zona, de modo que si Vd. deja claro que quiere hacerlo todo totalmente de acuerdo con las directrices y regulaciones vigentes pero que en el proceso no quiere sangrar excesivamente sus finanzas, podrá establecer un buen entendimiento y una buena relación de trabajo desde el principio.

La ley establece ciertas provisiones que Vd. debe cumplir, como la existencia de una sala de descanso, servicios separados para hombres y mujeres, cantina, servicio para discapacitados en silla de ruedas (que puede incorporarse al servicio de mujeres dándole un tamaño mayor). Sin ánimo discriminatorio alguno, la mayor parte de las empresas alimentarias implican el acarreo de las cajas de materias primas por lo que resulta un trabajo poco adecuado para personas físicamente discapacitadas. Por supuesto, es posible que alguna de las tareas pueda ser confiada a una persona

[9] N. del T.: Ministerio de Salud Medioambiental.

discapacitada, por lo que hay que prever los arreglos necesarios. Debe Vd. tener un seguro adecuado para todos los aspectos del negocio incluyendo el local, el equipo, los productos, los empleados y muchos otros. Si no está familiarizado con este tipo de requisitos consulte con un asesor de seguros, y visite diversas compañías para recoger varios presupuestos dado que los precios pueden variar considerablemente de una a otra.

Si Vd. ha planificado cuidadosamente su fábrica no existirá la posibilidad de transportar suciedad de un lugar a otro. La fábrica debe estar físicamente dividida en áreas secas/húmedas y limpias/sucias sin que exista interacción alguna entre ellas.

La higiene de los alimentos es algo más que la pura y simple limpieza, incluye todas las prácticas incluidas en los siguientes procesos:

1 La protección frente al riesgo de contaminación por bacterias, incluyendo bacterias nocivas, venenos y cuerpos extraños.
2 La prevención contra alguna bacteria presente que pueda multiplicarse hasta causar enfermedad en el consumidor o traducirse en un deterioro demasiado rápido del alimento.
3 La destrucción de cualquier bacteria nociva en el alimento mediante un cocinado o procesado enérgico o proporcionando a los consumidores instrucciones claras sobre cómo se deben prevenir ellos mismos de ellas.

La comida es una mercancía potencialmente peligrosa y siempre debe ser tratada con el máximo cuidado. La toxiinfección alimentaria es una enfermedad grave y cuanto más sepa Vd. sobre el tema, más fácil le resultará evitar las circunstancias que pueden causar un brote. Hay un grupo de alimentos considerados de alto riesgo, son los que aparecen en la siguiente lista:

1 Todo tipo de carnes de vacuno y ave cocinadas.
2 Productos cárnicos cocinados, incluyendo salsas y caldos.
3 Leche, cremas, cremas artificiales, natillas y productos lácteos.
4 Huevos cocidos y productos derivados del huevo, por ejemplo, la mayonesa.
5 Mariscos y otros productos marinos.
6 Arroz cocinado.

La toxiinfección alimentaria por materias primas puede producirse por:

1 Bacterias y sus toxinas.
2 Virus.
3 Productos químicos como los insecticidas y herbicidas.
4 Metales como el plomo, el cobre y el mercurio.
5 Plantas venenosas como la belladona o las setas venenosas.

Como procesador dentro de la industria alimentaria, Vd. podría causar un brote de toxiinfección alimentaria por causa de alguno de estos factores, pero los más frecuentes son las bacterias y sus toxinas.

Los manipuladores de alimentos deben conocer que los microbios son organismos vivos pequeños e invisibles que se dividen en tres clases:

1 Bacterias.
2 Levaduras.
3 Mohos.

Las bacterias suelen ser conocidas con el nombre de «gérmenes». Bajo un microscopio de gran potencia puede observarse su forma redonda o de bastón. Algunas tienen unos filamentos que facilitan su desplazamiento en el agua. Se encuentran en todas partes: en el polvo, en la suciedad, en el agua, en el aire, en el suelo y en la gente, los animales, los alimentos, los insectos, la ropa, etc. La mayor parte de las bacterias no son dañinas para las personas y algunas se emplean en la producción de alimentos, por ejemplo el yogur. Algunas bacterias causan deterioro. Otras pueden producir sustancias venenosas que causan enfermedad. Generalmente es necesario que estén presentes en un número muy elevado para causar toxiinfección.

Las levaduras son plantas muy pequeñas que se encuentran en la naturaleza, por ejemplo sobre la piel de frutas como la uva. Producen esporas que pueden vivir en el polvo, en el suelo o en alimentos secos y como son tan ligeras pueden ser fácilmente transportadas por el aire. Cuando una levadura aterriza en un alimento que contiene la humedad suficiente se inicia una reacción con los almidones y los azúcares naturales. Cuando esto sucede se libera dióxido de carbono y alcohol. Es por ello que ciertas levaduras se cultivan específicamente para la elaboración del pan y otras para la elabo ración del vino, la cerveza y los licores.

¡Todos conocemos los mohos! Al igual que las levaduras, se trata de pequeñas plantas. El crecimiento de los mohos puede apreciarse fácilmente a simple vista en los alimentos en putrefacción (como las frutas) en forma de manchas de color blancas, verdes, grises y naranjas. Realmente, se trata de grupos de millones de semillas denominadas esporas, que son tan ligeras que también pueden ser transportadas por el menor movimiento de aire. Las esporas se encuentran en el polvo, en el aire, en el suelo, en el papel, en la ropa, en las personas, en los animales y en todo tipo de equipos y artículos. Cuando las esporas aterrizan sobre un lugar apto para su crecimiento, crean una red de filamentos que digieren al alimento huésped. Los mohos pueden alimentarse a partir de una amplia gama de materiales: la madera, el papel, el cuero, los alimentos de todo tipo destinados a consumo humano, incluso de animales y plantas vivas. La mayor parte de los mohos causan deterioro pero no enfermedad. Algunos se emplean en la producción de alimentos, por ejemplo para la fabricación de los «quesos azules». Otros tipos se emplean para producir antibióticos como la penicilina.

Todos los organismos anteriores suelen estar implicados en los brotes de toxiinfecciones alimentarias, especialmente en el caso de las aves y las carnes cocinadas. Desafortunadamente, el alimento contaminado suele tener aspecto, olor y sabor completamente normales. Una ventaja del ahumado de alimentos es el hecho de que por emplear gran cantidad de sal, contribuye a prevenir la multiplicación de las bacterias.

El diagrama que aparece a continuación muestra el efecto de la temperatura sobre las bacterias y puede clarificar lo que sucede cuando hay bacterias presentes y se les ignora. Sólo un cocinado adecuado por el que se alcance una determinada temperatura interna en el producto puede garantizar la obtención de un producto totalmente seguro para el consumo.

Cuando se opera con productos ahumados sólo debe ahumarse en frío aquella materia prima cuya procedencia de fuente no contaminada esté comprobada. Esto se aplica sobre todo al pescado y al marisco. Todos los pescados de agua dulce, incluyendo la trucha, deben ahumarse en caliente o cocinarse después de haber sido ahumado en frío. Cuando se trata de aves de corral, caza o carne de vacuno, a no ser que el producto haya sido curado o aliñado, no suele estar lo suficientemente tierno para el consumo por lo que debe cocinarse. Cuando se comercializan productos ahumados en frío, las instrucciones de la etiqueta deben ser muy claras, porque si no hay una buena transmisión de información, el comprador puede hacerse la idea de que todos los alimentos ahumados están listos para ser consumidos inmediatamente sin cocinar, lo cual no es cierto en absoluto.

CENTÍGRADOS

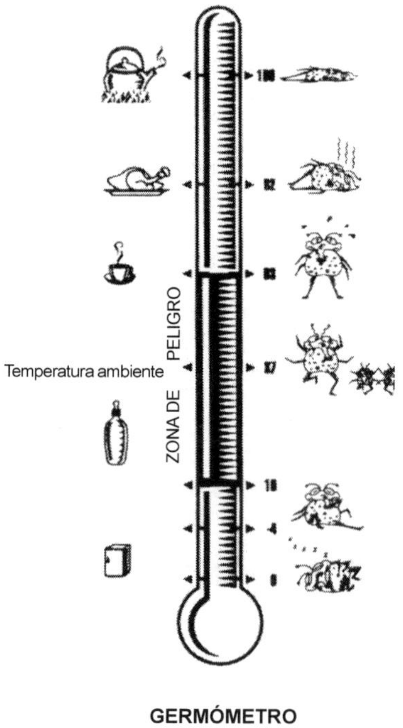

GERMÓMETRO

Para prevenir la posibilidad de una toxiinfección alimentaria, el paso primero y más importante es la toma de precauciones por parte del productor y de los empleados. Las regulaciones sanitarias tienden a molestar a los individuos que deben cumplirlas, pero si los operarios llegan a comprender que un simple descuido de un solo individuo puede derrumbar una operación comercial y poner en peligro su propio puesto de trabajo, empezarán a crear una actitud responsable. Ya se ha explicado anteriormente que una correcta planificación de la fábrica debe garantizar que no haya movimientos de retroceso o conexiones entre las diversas partes del proceso de producción que puedan facilitar la aparición de una contaminación cruzada. La ley obliga a que todos los manipuladores de alimentos obtengan el certificado de manipuladores de alimentos (No: 7025), lo cual representa el primer paso hacia una toma de conciencia.

Mucha gente cree que las batas se llevan para proteger la ropa de los empleados, pero en realidad se llevan fundamentalmente para evitar la distribución de bacterias procedentes de la persona o de la ropa. La utilización de lavabos con grifos manipulados por presión del pie o de la rodilla contribuye a mantener los niveles de higiene. Las piletas para lavarse las manos deben situarse cerca de los lugares de trabajo, porque de ese modo los operarios, no pondrán objeciones a utilizarlas.

Es requisito legal llevar un registro diario de la temperatura de todos los refrigeradores y estancias frías, lo cual debe constituir la primera tarea del día para la persona encargada. Los registros deben mantenerse de manera diferente en cada fábrica, pero siempre son vitales. Incluso si todos los registros están informatizados, puede utilizarse un diario para apuntar in situ otros registros de datos más sofisticados. Aparte de la temperatura, debe asignarse un número a todos los lotes de materia prima que entren en la fábrica, un número que seguirá al lote a lo largo de todo el proceso y que aparecerá finalmente en el envase que se distribuye para la venta. Esto proporciona un registro de todo lo que le ha sucedido a la materia prima y, si se hace un análisis de rutina, es posible identificar el área en el que puede haberse producido algún fallo. Estos análisis dan un informe detallado de los niveles de bacterias, nitritos, nitratos y sales y si alguno de ellos está por encima o por debajo de la norma sanitaria para el producto, se puede identificar el lote afectado y se puede retirar si es necesario. En el diario también deben tomarse notas sobre el aspecto del producto final.

Cuando se ahuman alimentos también debe registrarse el clima ya que, si la fábrica de ahumados no está totalmente deshumidificada, el proceso de ahumado puede durar más tiempo. Cuando llueve, el aire que entra en el ahumador está más húmedo así que éste tiene una menor capacidad para eliminar la humedad del alimento. Los lavabos antisépticos para el calzado, utilizados con frecuencia, garantizan que la suciedad del suelo no se transporte de un lugar a otro. Cuando se usan carros, estas instalaciones dificultan moverlos de un lugar a otro, pero garantizan que tampoco las ruedas de los carros diseminen la contaminación. Si los lavabos están situados en la entrada puede construirse una ligera pendiente de cemento en cada lado para facilitar su limpieza.

La siguiente lista simplificará las necesidades y si Vd. se atiene a ella hay muy pocas cosas que puedan salir mal.

1 Los alimentos enfriados deben conservarse por debajo de los 10ºC.
2 La temperatura del congelador debe ser inferior a los –18ºC.
3 Las bacterias no se destruyen ni por enfriamiento ni por congelación.
4 Al cocinar, el alimento debe alcanzar una temperatura interna, en el centro de la pieza, de 70ºC. La pieza debe cocinarse durante el tiempo suficiente para que cada una de sus partes alcance esta temperatura como mínimo.
5 Cuando el alimento se conserva en caliente debe estarlo por encima de los 63ºC.
6 Retire las sobras de las superficies de trabajo y échelas en un cubo asignado para ese uso.
7 Vacíe este cubo frecuentemente y lávelo.
8 Utilice la unidad de restos para los restos blandos de alimento (restos sin huesos que pueden picarse para otros usos).
9 Utilice cubos de plástico con bolsas para recoger los restos no aptos para un uso posterior.
10 Vacíe estos cubos frecuentemente y lávelos si es necesario.
11 Disponga de un contenedor fuerte para la basura en el exterior de la fábrica.
12 Mantenga esta zona del exterior limpia y arreglada.
13 Para los cubos de basura utilice tapas con cierre de seguridad.
14 Mantenga la zona libre de animales o pájaros.
15 Lávese las manos después de dejar la basura en el contenedor.
16 Prohíbase fumar en todas las zonas que no estén específicamente designadas como zonas de descanso.

Capítulo 11

El envasado y el etiquetado

Resulta muy satisfactorio mirar un alimento recién producido y saber que tiene un buen sabor. Esto debería ser suficiente, ¡pero actualmente se insiste en incurrir en elevados gastos para envasar los alimentos de calidad y poner una etiqueta que diga lo que el envase contiene!

El mercado en el que Vd. vaya a vender sus productos será el que dicte el tipo de envase que debe utilizar pero, a no ser que vaya a transportar los alimentos durante más de dos o tres horas, es posible utilizar métodos de envasado diferentes al envasado al vacío.

A continuación se ofrece una lista que resume algunos de los posibles métodos de envasado, estando los métodos más elaborados y que proporcionan una mayor protección y vida en almacén al final de la lista.

1 Directamente del mostrador a una bolsa de plástico.
2 Embalaje por contracción, con o sin sellado por calor.
3 Embalaje por contracción en plástico o en bandejas de cartón encerado o en un soporte de un material similar.
4 Envasado en una bolsa de plástico de buena calidad y sellado por calor.
5 Envasado al vacío en una bolsa de plástico impermeable, directamente o sobre un soporte de plástico, cartón encerado o lámina de aluminio.
6 Se quita el aire a una bolsa de plástico impermeable y se rellena parcialmente con un gas inerte (nitrógeno) y se vuelve a cerrar por calor.
7 En bolsa para esterilizar en autoclave fabricadas de plástico y lámina de aluminio en forma de material impermeable de tres capas se dice que es capaz de proporcionar una vida en almacén de tres años sin refrigeración. Las bolsas pueden fabricarse también con lámina de aluminio y son transparentes, pero tienen una vida en almacén más corta.
8 Tarros (para piezas pequeñas en líquido conservante).
9 Botes de plástico, igual que en 8.

La información que debe proporcionar la etiqueta es amplia y deja poco lugar para la decoración.

Esta información debe expresar:

1 El nombre del alimento.
2 Los ingredientes.
3 El peso/cantidad neta.
4 La fecha.
5 El nombre y dirección del fabricante o envasador.
6 El lugar de origen (si es necesario).
7 Las instrucciones de uso si es necesario (es decir, instrucciones de cocinado).
8 Cualquier condición especial de almacenamiento y uso posterior.

Cuando se plantee los diferentes métodos de envasado para su producto, dé una vuelta por todas las tiendas que vendan alimentos de calidad y fíjese detenidamente en los envases. Cuando los mire con detalle se sorprenderá de la cantidad de imperfecciones que se pueden apreciar y, al final, resultará que los envases más simples también suelen ser los más eficaces. En lo que se refiere al diseño de las etiquetas, es difícil incluir todos los datos en un espacio tan pequeño, igual ocurre con la lista de números E, que también supone un recorte considerable al espacio disponible. (Ver Apéndice A.)

Las leyes relativas al etiquetado están actualmente en un estado de cambio constante y los funcionarios locales del medio ambiente nunca suelen estar de acuerdo en cuanto a la interpretación de las directivas de la UE. Establezca una buena relación con el funcionario responsable del etiquetado e intente llegar a un acuerdo con él que satisfaga a ambas partes. Como él será la persona que tendrá que defenderle a Vd. si alguien presenta alguna queja y afirma que el etiquetado infringe la directiva europea, él deberá estar satisfecho con la información que contienen sus etiquetas. Cuando discuta los detalles de una etiqueta con su funcionario del medio ambiente, es oportuno explicar exactamente en qué consiste el producto porque resul-

ta sorprendente qué cosas están y qué cosas no están permitidas. Es posible que tenga Vd. que redactar el contenido del etiquetado con otras palabras diferentes a las que Vd. utiliza normalmente, para ajustarse a la normativa.

La ilustración muestra el tipo de composición que Vd. puede utilizar, pero a la hora de diseñar una etiqueta debe decidir si en su caso se necesita o no incluir un código de barras. Las grandes organizaciones alimentarias insisten en que se incluyan los códigos de barras, lo cual implica incurrir en gastos puesto que cada mercancía necesita un código distinto con un precio por unidad en la región de £ 70. (En la actualidad existe un software informático que permite la creación de sus propios códigos de barras, pero hay que tener cuidado para que el envase sea aplicable al producto sobre una base detallista). Si Vd. piensa que en el futuro puede llegar a necesitar los códigos de barras, en el diseño original de la etiqueta deje espacio para ellos para poder incorporarlo en algún momento. Hoy día, las etiquetas se diseñan con un tamaño y formato específicos para poder ajustarse a las balanzas electrónicas que emiten etiquetas adhesivas. Cuando escoja esta parte esencial del equipo debe tener en consideración el número de productos que desea etiquetar y los niveles de precio en los que se va a mover. No se apresure cuando tenga que decidirse sobre el tipo de la máquina etiquetadora. Quizá sea la compra más crítica que vaya Vd. a hacer y el hecho de tener la posibilidad de modificar fácilmente la información de la etiqueta si es necesario evitará que a Vd. se le pongan los nervios de punta justo cuando más ocupado está. Los fabricantes de equipo de pesaje/etiquetado son de ayuda y sus representantes locales pueden informarle sobre qué puede o no puede hacer cada una de las máquinas, de modo que escuche lo que le cuenten y asegúrese de que la máquina que escoge es la más adecuada para Vd.

En un momento anterior, mientras Vd. está decidiendo como envasará y etiquetará su producto, es una buena idea gastar dinero en contratar a un analista alimentario. Comprobará los niveles existentes de sustancias permitidas y no permitidas, los niveles de nitratos y nitritos permitidos y los niveles de bacterias aceptables. La materia prima debe ser analizada antes de empezar a procesarla, con lo que se contribuye a determinar si existen zonas en el procesado en las que se puede producir algún tipo de contaminación.

Una vez que se sienta satisfecho con el producto deberá decidir la vida en almacén que desea darle y sólo mediante el análisis podrá determinar durante cuánto tiempo puede conservarse el producto sin que los niveles crezcan demasiado para poder mantenerse a la venta. Cuanto más largo sea el tiempo de almacenamiento de un producto, más evidente será el crecimiento de las bacterias, nitritos y nitratos. La respuesta concreta puede obtenerse examinado diversas muestras tomadas con diferentes tiempos de almacenado, medidos a partir de la fecha de envasado. También es interesante determinar si se producen cambios en el sabor del producto a lo largo del tiempo, de modo que puede llegar un momento en que no sea agradable su consumo. Se recomienda hacer exámenes rutinarios de los productos con un equipo de catadores procedente de la plantilla de empleados para garantizar que no decaen los niveles de calidad.

Capítulo 12

Lo que se debe y lo que no se debe hacer en el ahumado de alimentos

1 Si la temperatura se eleva demasiado rápidamente se «endurecerá» la superficie exterior de la carne, lo cual impedirá la penetración adecuada del humo.

2 Una temperatura en el ahumado del pescado demasiado alta hará que el producto se desintegre, y si está colgado por la cabeza, ésta se romperá.

3 Quite siempre el riñón en las anguilas. El riñón está unos 25-40 mm por debajo del ano.

4 Asegúrese de que se produce una merma adecuada de peso para conseguir resultados óptimos.

5 Deje el suficiente tiempo para que antes de ahumar se produzca el secado ya que ello afecta al aspecto exterior del producto final.

6 En las aves de corral y de caza, asegúrese siempre de que se ha eliminado la vesícula biliar. Si la sal llega hasta la vesícula, se rompe la membrana y se libera la bilis sobre la carne, lo cual crea un sabor y olor desagradables. También deben retirarse cuidadosamente los riñones y otros órganos, así como cualquier resto de sangre.

7 Al ahumar anguilas y truchas, especialmente si son animales cultivados en granja, trate de asegurarse de que pasado un periodo de ayuno adecuado antes de su sacrificio; si no, las anguilas pueden tener un sabor a viejo y la carne de la trucha quedará muy blanda y oleosa.

8 Al ahumar un salmón que ha sido previamente congelado para obtener un producto cocinado, es útil frotar la superficie del pez con un poco de aceite antes de elevar la temperatura.

9 Al ahumar carne magra o venado, se deposita un poco de agua en la bandeja de goteo o en una pequeña cacerola dentro del ahumador para evitar un secado excesivo.

10 La carne de vacuno, cerdo y venado debe ser de menos de una semana antes de ponerla en salmuera y ahumarla.

11 No emplee serrín húmedo porque puede provocar la aparición de un olor a moho en el producto y el secado será mucho más largo. Evite el serrín procedente de árboles recién cortados.

12 Cuando ahume en caliente, haga un experimento añadiendo al serrín algunas ramitas y hojas de maderas de árboles frutales como el manzano, el peral y el cerezo. También pueden utilizarse ramas de tojo, brezo, espino y rosal junto a bayas de enebro. Aunque no se producen cambios internos, el aroma de la carne varía y es más atractivo.
13 Si se utiliza serrín o viruta procedente de maderas resinosas se produce un sabor amargo. A los fineses les gusta mucho, pero no suele ser grato al paladar de los británicos.
14 Mantenga la temperatura de las salmueras de larga duración a 3°C.
15 Ponga en salmuera el alimento durante el tiempo especificado para cada caso.
16 Tenga una cubeta especial de salmuera para cada tipo de alimento, de manera que pueda utilizarse a tiempo completo.
17 Si el ahumador está lleno de alimentos, asegúrese de que las piezas no se tocan entre sí porque esto impide la correcta circulación del humo.
18 No ahume el pescado junto a ningún otro tipo de alimento. Si no se puede evitar, manténgalo a un lado para evitar el goteo.
19 Si para colgar las piezas no hay otro espacio adecuado, utilice el ahumador para el pre-secado. Retire siempre la bandeja de goteo y séquela antes de encender el combustible.
20 Quite las glándulas odoríferas de los pequeños animales de caza para evitar la aparición de olores fuertes.

Apéndices

Apéndice A

Números E

E 322	Lecitinas
E 325	Lactato sódico
E 326	Lactato potásico
E 327	Lactato cálcico
E 330	Ácido cítrico
E 331	Citrato monosódico
E 331	Citrato disódico
E 331	Citrato trisódico
E 332	Citrato monopotásico
E 332	Citrato tripotásico
E 333	Citrato cálcico
E 333	Citrato dicálcico
E 333	Citrato tricálcico
E 334	Ácido tartárico
E 335	Tartrato sódico
E 336	Tartrato potásico
E 336	Tartrato monopotásico
E 337	Tartrato sódico y potásico
E 338	Ácido ortofosfórico
E 339 (a)	Ortofosfato monosódico
E 339 (b)	Ortofosfato disódico
E 339 (c)	Ortofosfato trisódico
E 340 (a)	Ortofosfato monopotásico
E 340 (b)	Ortofosfato dipotásico
E 340 (c)	Ortofosfato tripotásico
E 341 (a)	Diortofosfato monocálcico
E 341 (b)	Ortofosfato monocálcico
E 341 (c)	Diortofosfato tricálcico
E 400	Ácido algínico
E 401	Alginato sódico
E 402	Alginato potásico

E 403	Alginato amónico
E 404	Alginato cálcico
E 405	Alginato propano-1,2-diol
E 406	Agar
E 407	Carragenano
E 410	Goma de algarrobo
E 412	Goma de guara
E 413	Tragacanto
E 414	Acacia o goma arábiga
E 415	Goma de xanthano
E 420 (i)	Sorbitol
E 420 (ii)	Jarabe de sorbitol
E 421	Manitol
E 422	Glicerol
E 440 (a)	Pectina
E 440 (b)	Pectina, amidada
E 450 (a)	Difosfato disódico
E 450 (a)	Difosfato tetrasódico
E 450 (a)	Difosfato tetrapotásico
E 450 (a)	Disfosfato trisódico
E 450 (b)	Trifosfato pentasódico
E 450 (b)	Trifosfato pentapotásico
E 450 (c)	Polifosfatos de sodio
E 450 (c)	Polifosfatos de potasio
E 460 (i)	Celulosa microcristalina
E 460 (ii)	Celulosa en polvo
E 461	Metilcelulosa
E 463	Hidroxipropilcelulosa
E 464	Hidroxipropilmetilcelulosa
E 465	Etilmetilcelulosa
E 466	Carboximetilcelulosa, sal sódica
E 470	Sales de sodio, potasio y calcio de ácidos grasos
E 471	Mono- y di- glicéridos de ácidos grasos
E 472 (a)	Ésteres de ácido acético de mono- y di- glicéridos de ácidos grasos
E 472 (b)	Ésteres de ácido láctico de mono- y di- glicéridos de ácidos grasos
E 472 (c)	Ésteres de ácido cítrico de mono- y di- glicéridos de ácidos grasos
E 472 (d)	Ésteres de ácido tartárico de mono- y di- glicéridos de ácidos grasos
E 472 (e)	Ésteres de ácido diacetiltartárico de mono- y di- glicéridos de ácidos grasos
E 473	Ésteres de sacarosa de ácidos grasos

E 474	Sacarosaglicéridos
E 475	Ésteres de poliglicerol de ácidos grasos
E 477	Ésteres de propano-1,2-diol de ácidos grasos
E 481	Estearoil-2-lactilato sódico
E 482	Estearoil-2-lactilato cálcico
E 483	Tartrato de estearilo

Apéndice B

Direcciones y puntos de contacto útiles

Plan de Fianza de Préstamos para pequeñas empresas

Department of Trade and Industry
Small Firms Division
c/o Employment Department
Level 2, St Mary's House
SHEFFIELD S1 4PQ
REINO UNIDO

Empresas locales

Puede Vd. contactarlas a través de la guía telefónica.

Planes empresariales

Este capítulo debe consultarse con las empresas anteriores, que probablemente tengan conocimiento sobre algún plan no gubernamental activo en su zona.

Capital empresarial

Puede obtenerse de organizaciones como la 3i (Investors in Industry) y otras empresas del Reino Unido. Las empresas locales pueden aconsejarle, al igual que su propio banco. Es esencial obtener consejo profesional (como el que puede ofrecer un contable colegiado) antes de entrar en contacto con estas organizaciones y contar con un plan empresarial correctamente elaborado suele ser un requisito indispensable.

Organizaciones comerciales del Reino Unido

La oficina local de la Chamber of Commerce[10] tiene la posibilidad de ponerle en contacto con potenciales proveedores y clientes, así como de ofrecerle información con respecto a los miembros extranjeros de la Chamber of Commerce. Hacerse miembro de la Chamber of Commerce local puede ser interesante y si Vd. solicita sus servicios tan a menudo como sea posible, puede que le resulte rentable el pago de la subscripción anual.

Información sobre exportación

SCOTTISH INNOVATION
Templeton Business Centre
GLASGOW
G40 1DA
REINO UNIDO

Scottish Innovations[11] no aporta financiación pero sí proporciona oportunidades empresariales internacionales y lidera delegaciones de empresas escocesas en los eventos de grandes sociedades empresariales a lo largo de toda Europa.

La Chamber of Commerce local también puede ser de ayuda para establecer contactos con potenciales clientes/socios comerciales en el extranjero, etc.

Proveedores y fabricantes de equipo secundario

Consulte las Páginas Amarillas locales bajo los epígrafes Equipo de Cocina y Equipo de Restauración.

Fabricantes de hornos de ahumar

AFOS
Manor Estate, Anlaby
HULL HU 10 6 TL
INGLATERRA

[10] N. del T.: Cámara de Comercio.
[11] N. del T.: Innovación Escocesa.

FESSMANN
Postfach 360
D-7057 WINNENDEN 9
ALEMANIA

INNES WALKER
10 Newton Place
GLASGOW G3 7AR
ESCOCIA

MAURER
Bryant Ltd
Wycombe Road
STOKENCHURCH HP14 3BR
INGLATERRA

VEMAG
PO Box 1620
D-VERDEN (ALLER)
ALEMANIA

Índice alfabético

D

E

F

G

H

J